海玉象形
收藏与鉴赏

孙福全 著

江苏人民出版社

（南京）

图书在版编目（CIP）数据

海玉象形收藏与鉴赏 / 孙福全著. -- 南京 ：江苏
人民出版社，2021.2

ISBN 978-7-214-25366-8

Ⅰ．①海　　Ⅱ．①孙　　Ⅲ．①玉石－收藏②玉石－鉴
赏 Ⅳ．①G262.3

中国版本图书馆CIP数据核字(2020)第255202号

书　　　名	海玉象形收藏与鉴赏	
著　　　者	孙福全	
项 目 策 划	凤凰空间 / 彭　娜	
责 任 编 辑	刘　焱	
特 约 编 辑	都　健　张爱萍	
出 版 发 行	江苏人民出版社	
出版社地址	南京市湖南路1号A楼，邮编：210009	
出版社网址	http://www.jspph.com	
总 经 销	天津凤凰空间文化传媒有限公司	
总经销网址	http://www.ifengspace.cn	
印　　　刷	北京博海升彩色印刷有限公司	
开　　　本	889 mm×1 194 mm　1/16	
印　　　张	14.5	
字　　　数	199千字	
版　　　次	2021年2月第1版　2021年2月第1次印刷	
标 准 书 号	ISBN 978-7-214-25366-8	
定　　　价	468.00元	

序

鉴赏和收藏海洋玉髓是一种高雅、时尚的艺术追求和审美体验。在鉴赏与收藏过程中，既有文化熏陶和艺术享受，又有经济利益和价值提升的体现，更能展示一名成功人士的文化素养和自身社会价值。

如果你细细品读《海玉象形收藏与鉴赏》这部专著，一定会从中领悟到人类追求自然、和谐、唯美以及鉴赏品位之理念，也会深深体会到在寻玉、赏玉、鉴玉、藏玉及交流过程中的兴奋与快乐。

我认为"探索研究、分析思考、认真总结"，才是赏玉和收藏的成功之道，这不光体现你的眼力和机遇，更体现你玩玉、赏玉、藏玉的理论根基和实践功力，在觅玉、赏玉实践中，不断发现、挖掘其内在本质、艺术价值以及潜在的经济价值。只有做到这些，才能够无不以至高精，从而体高雅之弘量，玩出情操，赏出乐趣。

注重实践、尊重同道，以及向同道请教并倾听同道鉴赏意见，是赏玉和收藏的另一成功之道。在实际寻玉中固然需要精湛的辨识能力，以及适时抓住机遇的果断，但通过展示和交流来倾听同道的鉴赏意见，亦对藏品的深刻理解和准确定位大有裨益。以此心态对自己的藏品进行分析、比较、研究，并挖掘其内在美的东西，一定能使鉴赏功力和内在品位得到提升。

我认为藏玉、赏玉不能只停留在玉髓那华丽的外表层面，其赏鉴过程也是高雅境界的一种展示。海洋玉髓或是被一些收藏家推崇，或是被一些老玩家所忽略。本书把海洋玉髓的赏玩提升到了新的境界，书中每一块海洋玉髓都是玉髓中的精品，所配文字注解既贴切又富含诗意，读起来似潜入其境，文字中又深含哲理，值得慢慢品味。

我对玉髓的收藏与鉴赏如同我做事业般扎扎实实、一步一个脚印。以文化建设来推动公司发展，是我一直奉行的理念。在管理上一定要改革先行、文化助推。希望我的经历能给藏友一定的启示，成功者的秘诀就是具有善于发现机会和抓住机会的能力。

寻玉、捡拾检验的是玩家的辨识能力，识玩、赏玉展示的是玩家的鉴赏功力和深厚的文化内涵，而达到人玉交融境界却不是一般人所能及的。赏玩展示的是大家风范，而经营事业则必须具备战略眼光，只有这些都做得游刃有余，才能在各方面取得进步。

每一方玉髓都是天地自然孕育，其中都蕴藏着无尽的意味。赏玉，需要的是一种平和的心态，抛却利益的牵绊，任思绪完全沉浸流转在那

方玉髓中。玩玉识艺是一种乐趣，解读原石的自然之美同样是一种乐趣，能从那浑然天成的玉髓中领略大自然造物的神奇，品悟其中蕴含的万种玄机，亦是一种享受。

解读玉髓的精美，绝不应该是浅层的称扬，也不能像杨花般轻飘，更不是一种虚幻空灵的展延。将一方玉髓握于掌中，感受到的应该是一份沉甸甸的责任，一种大丈夫般宽厚胸怀的包容。"地势坤，君子以厚德载物"，这不正是笃实忠厚的中华民族几千年来的传统美德吗？

二〇二〇年十月

前言

我喜欢收藏各种玉石已有多年，但收藏和鉴赏海洋玉髓还是近些年的事情。之所以喜欢，且达到爱不释手、欲罢不能的境地，完全是因为被海洋玉髓那绚丽多彩且寓意丰富的内质所吸引。

海洋玉髓的神奇就在于，如无专业之功很难辨别出其展示的花纹图案是出于人造还是源于自然。而本人编撰本书的目的，一是把多年收藏的海洋玉髓展示给大家，以求共赏；二是对海洋玉髓从原石到成品形成的全过程做些介绍，让大家能深刻感受到每一件海洋玉髓精品的绝美神奇之处。

美好的玉髓不仅带给人们视觉享受，更重要的是通过赏玉人不断的发掘、展现，析出其内在的新奇、致美、典雅和灵动。你一旦爱上了玉髓，感受到了它的奇美和妙趣，就会对其不吝赞美。

玉髓展现的是一种自然艺术，觅玉的过程就是发现美的过程。检玉需细心，发现一块玉髓，要考虑从哪个角度欣赏它，发现它的价值，发掘其内在的美和绝美故事。不能肤浅地以玉髓论玉髓，要从大自然的鬼斧神工、精美天作之处，用心灵和情感去捕捉、去感悟、去体会、去探究藏于玉髓深处的自然美，这样才能参悟出玉髓的神奇和美妙。

赏玉髓要研究玉髓的动与静，挖掘它的本质精神，体会它更深层次的韵味，找到它的石质、纹路、动静感的元素，提炼出琼琼雅石与大自然的契合之处。要凭研习和智慧，探究其更深层次的内涵，唯有动静结合方可达到人与玉的融合。

我所收藏的玉髓器件主要产自非洲岛国马达加斯加，也有产自南美巴西的。这些玉件中不乏色泽鲜艳明快、自然纯正、光洁细润、质地极好的佳品。它们在光与影的变幻中，透着渐变色，层次感更见分明，纹理优雅雍容、神秘浪漫，富有艺术气息，尽显美丽、幸福、富贵特质。

我认为，每一块海洋玉髓都是不可多得的孤品佳作，它或平淡，或娇艳，或为青山草树，或为斜阳秀水，或为朵朵绽放的花朵，或为巨石凌峰，或为飞流直下，抑或是一幅幅让人浮想联翩的写意画作，水墨丹青间层层叠叠，绵延无限，变幻无穷，给人以绝妙的艺术享受。

海洋玉髓通透温润的玉石质地和内部矿物形成的丰富图纹，是收藏爱好者推崇的核心。很多神奇现象有待解释，很多奇妙的图案有待解读，其美学价值有待进一步发掘。相信会有更多收藏爱好者和玉石专业玩家研究和开发海洋玉髓，不断给其注入新的文化内涵，开辟出一条海洋玉髓特色文化之路。

在国内，因为越来越多的人喜欢玉髓，赏识玉髓，被玉髓美轮美奂的魅力所感染，所以它的市场需求情况也一直呈上升势态。同时，由于海洋玉髓是不可再生资源，精品存量越来越少，因此它的升值空间为人们所看好。

在我的眼中，所收藏的每一件海洋玉髓都是精品美作，可谓件件蕴含故事传奇，富含诗意。平铺展现，可见日月山水、锦绣繁花、飞禽走兽；延伸注解，或显古意，或抒己意，或现虚幻，或呈实景，寓意内容任凭想象，宽泛无限，自由随意，全无固定规制。

我之理解，玉如有形文章，饰物、寄情、表意，亦抒心灵感悟，悟玉之道，趣在其中。玩玉、赏玉，唯做到具慧眼、擅联想、静心境、聚心神、心玉合一，方能意到极致，情趣最佳。

每一块玉髓的背后都有一个美丽的传说或美好的故事。而面对摆在你面前的玉髓，如何欣赏它？如何发现它的价值？不能只识肤浅，不求深刻。要发掘每块玉髓的深层含义，力求表现其美好的寓意，甚至超出人工雕琢的自然之美。

每一块玉髓都是无限海洋的鬼斧神工、精美天作，需要用心灵、情感去捕捉，去感悟，去体会，才能参悟到玉髓的神奇与美妙。而品玉在某种程度上可以说是在品历史，品当下，品他人，品自己。

其实我收藏海洋玉髓的过程也不是一帆风顺的，现在收藏界针对海洋玉髓的专业介绍和公开资料甚少，而且鲜有同道玩家。因此，我也只能根据对一般玉石的了解，通过感知、领悟、揣摩、把玩和细细研究，慢慢对海洋玉髓有了一定的了解，渐入堂奥，时至今日，爱不释手。

每一件成玉握在手中，视觉之美可入境，可娱人，可娱己，亦可就玉说实，或"纸上谈兵"。意到此处，有思，有感，有悟，兼得愉悦、成就感。皆为物外之意，境到即可，亦快事也。

内容提要

《海玉象形收藏与鉴赏》所收录的为作者从所收藏的大量海玉藏品中，精心挑选出的形、神、质、感、象、寓、意等俱佳的精品佳作。根据其表象及其潜含画意配以贴意短文或经典诗句，从而实现对海洋玉髓的外在视觉美感的审读，同时达成审美感知的内在升华。本书体现了收藏、鉴赏之高水准，是集历史研究、文化展示、推动交流之上乘飨读专业作品，值得收藏。

目 录

第一章
神奇的海洋玉髓

第一节　海洋玉髓——天然造物

海洋玉髓，一种美妙而又充满神奇韵味的天然造物，其在海中自然形成，形状、色彩和花纹多样，由此构成了不同的形态意境。海洋玉髓由于具有优质玛瑙属性和玉石特征，同时又能够满足人们的猎奇、观赏、审美、收藏和交易需求，深受藏家和玉石爱好者的喜爱和追捧。

海洋玉髓主要产自非洲岛国马达加斯加，也有部分产自南美的巴西。马达加斯加附近海域富饶而神秘，蕴藏着许多玉髓奇石，它们是在亿万年前的海洋深处，经过岁月的洗礼和奇特的地壳变化渐渐形成的。这些玉石经过海水的强力冲刷，大多呈卵石状，磨圆度相当好，有的表面还有黄色的风化皮壳，透明度特别好，灯光一照，晶莹透亮，但宝石级的原料储存量极为稀少。

每一块玉髓都是独特的、唯一的，海洋玉髓经过浪冲、水洗以及岁月的打磨，或形奇，或色艳，或纹美，或质佳，或晶莹清澈，或灵秀精巧，或浑穆古朴，或凝重深沉，异彩纷呈，自然天成。每一块玉髓都秀蕴乾坤。手捧每一块玉髓，闭目遥想，似有来自远古洪荒的声音响彻天穹，无数美妙的音符直叩心灵，万石皆若此。

大气富贵、艳丽多姿、精致高雅、莹润通透、雄浑古拙，是玉髓的风格。温馨雅致、悦目可人、宁静清逸、精致不凡，是玉髓的风尚。坚韧挺拔、独立高标、智慧灵光、高洁悠然，是玉髓的风骨。

海中万玉，玉髓最佳，一玉一图，一图一景，一景万解，这就是海玉的世界，也是玉髓的魅力所在。一切的美好由玉含美景而起，灿然生发，自然、大气又永不媚俗。海光玉色，踩着浪花而来，又随着浪花而去，亿万年过去，几多千古清绝。

作为海洋造物之一的海洋玉髓，在海底默默地经受了大自然亿万年的残酷洗礼，成就了其奇琼异魂的品质。它历经磨砺，淡然从容，是集天地万物精华之精灵，亘古不变，品质永耀。展示于人间，极光鲜夺目，令万物失色。

这些玉髓经过亿万年积淀，具有丰富的色彩和美丽的纹理图案。这些图案天然、唯美、有光泽，质感油润，剔透晶莹，形态、神韵、意境仙逸，浑然大成，似水墨交融，书写着诗意，可谓美出天际。

海洋玉髓绝妙之处在于它浑然天成的美，原始之玉不经任何人工雕琢，观之令人浮想联翩，赞叹之余不禁想起范元凯的《章仇公席上咏真珠姬》："神女初离碧玉阶，彤云犹拥牡丹鞋。应知子建怜罗袜，顾步裴回拾翠钗。"

老到海底锈质玉髓，尽显沧桑，久经岁月的万千描摹，却又历久弥新，仿若能看到大海的广阔与苍茫。它的形态、质地、特征及美学价值，在于形象与生动。它能把沉静变灵动，呆板变灵活，抽象变具体，无形变有形。或许是穿变自然点缀，或许是容纳了海底风情，或清秀，或厚重，像水月镜花的精灵，游走在隐屏石隙之中，如有香风相随，时而雍容华贵，时而婉约古典，似一首玄妙古诗，自远古翩然而来。

海洋玉髓的原石色彩斑斓且神秘，因为无论是出产海洋玉髓的黑花料还是普通的山流水料，一般人从原石外观上无法做出非常明确的界定，这就给原石的鉴别蒙上了一层神秘的面纱。而在马料原石里，真正的黑花料所占比例是很低的，只能占到10％左右，出精品好料的概率就更低了，这也是海洋玉髓精品少的重要原因。

海洋玉髓外在的精美图案、内在的天然价值，已成为宝石行业发展的一个重要亮点。它质地内敛柔和，造型多姿绚丽，把玩和鉴赏时都会给人以艺术美感的享受。

海洋玉髓的图纹复杂多变，灵动的图形和绚丽的纹条间，有的粗犷质朴，有的丰富细腻，有的简洁典雅，也有的复杂朦胧。人物、动物、山水、草木应有尽有，新、奇、雅、绝，异曲之妙，各有千秋。

海洋玉髓的加工制作要经过去皮、切割、冲胚定型、抛光、装饰等过程，有的为了提升实用性和价值，还配底座、挂饰或再做些细面镶嵌修饰。海洋玉髓的质地、精美的图纹是源自天然的，经过匠人的辛勤雕琢和艺术再现，海洋玉髓被赋予了新意、提升了价值，也满足了收藏者的需求。

在数万吨海底基石里，只有约 1％ 的含有美妙纹理的原石可成为海洋玉髓的原石。只有那些结构均匀、石体致密、光泽度强、透明度高的玉髓，才具观赏和收藏价值。

海洋玉髓，是亿万年前地壳运动时形成的玛瑙化石，色泽艳丽明快，自然而纯正，犹如水晶般透明，光洁细润，手感温润，结构呈现光与影的变幻，层次感更见分明，纹理优雅雍容，富有神秘及浪漫的色彩，颇具艺术气息，乃为美丽、幸福、富贵的象征。

由于海洋玉髓的产地集中且产量极少，少有大量海洋玉髓产品充斥市场的现象，因而多年来，海洋玉髓价格比较稳定。而达到宝石级的玉髓原料更是稀少，加之世界各地都在研究和发掘更加经典、值得收藏的天然海洋玉髓艺术作品，因此海洋玉髓的收藏前景颇为玩家所看好，展现出引领收藏潮流的新趋势。

第二节 海洋玉髓——千姿意境

海洋玉髓这大自然的巧工佳作，相比任何一位丹青大师的作品，都有过之而无不及。它那独特的玉脂质花纹图案，如黄龙玉中的草花料一般形神兼具，件件秀美怡人，或浓或淡，或深或浅，或为斜阳草树，或为青山秀水，或为朵朵绽放的小花，层层叠叠，变幻无穷，让人浮想联翩，给人以绝妙的艺术享受。

每一件玉髓都是孤品，玉髓的独特之处是在方寸之间集天地之大观，聚自然之神奇，展现时空的变迁与轮回。它的润泽、沧桑、浑朴、灵气等，给有缘人入眼入心的惊艳之感。如与玉有缘，终能相见。玉髓文化有着丰厚的历史底蕴，自汉代起，波斯玉髓被传入中国，并随着藏传佛教的发展，变成了佛教文明的一种体现，因此佛珠大多用玉髓制作。清朝时，玉髓的雕刻开始盛行，朝珠、鼻烟壶或其他器具也经常会选择使用玉髓。

海洋玉髓承载着鉴赏文化、文玩文化、收藏文化、俚俗文化、历史人物、人文典故、风土人情、天文地理等信息。可谓千姿百态、异彩纷呈，既高雅脱俗又透着市井气息，浑然天成。

海洋玉髓的形状、质地、造型、色彩及花纹繁多，成之天然，每一块都不寻常。它源自自然又富含寓意，出自海洋又有玉石般质地，手感光滑细腻，色泽通透明洁，更具有其他宝石所没有的天然景观图纹。它既能满足人们的猎奇心理和审美需求，又具观赏和收藏价值。

海洋玉髓植景多姿多彩，江河道路、远山日月、极光玄影交叉组合，炫化出极地天空之光芒，质朴而天然，抽象又具体，似人工又本于天工，处处透着诗意、飘逸、悠然。区别于构图如黄金分割、楷书如颜体柳体、京剧如梅派程派，玉髓是立体的山水画，海纳了宇宙万物，是沉静的华美乐章，精致、高雅、高标、坚拔，赏石亦无标准，全凭个人感知。

海洋玉髓是自然造化之物，在亿万年的变化中依自然法则演化出神奇形纹和韵味，构图放达、率性又不失完整和协调。看似无序，却又契合天则。领悟和释解画中奇妙，敬畏之心油然而生，亦感快意。从玉髓纹理可见梅兰竹菊、名山大川、奇峰怪石、云雾缥缈、日出日落、戈壁沙漠、无垠草原，布景、构图完全被自然浸染。此时的玉髓已无大小之分，其所展现的奇象景致和神韵已到极致。唯叹，玉出于自然，最终也归于自然，以自然的方式引人入胜，传递意境。

现在的红宝石、蓝宝石、祖母绿等，都是以自身华贵的品质为人们所喜爱，这些宝石虽晶莹剔透、质感迷人，但鲜有富含天然景致、图案的，即使有一些点缀也过于单一，不足以展现玉的内在美，这一点不能和海洋玉髓媲美。

海洋玉髓是宝韵天成的天然宝石，它既有珍贵翡翠的高冰玻璃种，又有名贵玉质的温润结晶。它纹案多姿、形神兼备、疏密得体、神韵自然。因为海洋玉髓原石出材率极低，能出精品更为不易，精品玉髓稀有、珍贵，件件孤品，所以才会被如此追捧。

海洋玉髓的世界如梦里繁花，是春色中最美的盛放，它的形纹色韵缤纷旖旎，玉质晶莹剔透，纯美无瑕。海洋玉髓从诞生直至被艺术家慧眼识宝，实现了从市井把玩之物到艺术鉴赏之品的蜕变，从而拥有了灵魂，成为赏石，走入市场。

第二章

海洋玉髓精品赏释

第一节
人物智理篇

题名：贤士

石种：海洋玉髓

作品规格：29 mm×3 mm

飘逸潇洒，超凡儒雅，身姿挺拔，步履轻盈。

身心顺理，理也，事也。

题名：**拨障开云**

石种：**海洋玉髓**

作品规格：**43 mm × 54 mm × 9 mm**

十年魔障拨云开，面壁如临明镜台。

一苇轻航何处去，风风雨雨挟江来。

题名：凝心·端坐

石种：海洋玉髓

作品规格：74 mm×46 mm×11 mm

凝心端坐，石壁可为之感化。

凝心不是一意孤行的执着，不是缺乏思想的单纯，而是一种智慧，是繁华过后的觉醒，是一种去繁就简的境界。

凝心，可变为一种无坚不摧的势能，任何艰难在它的面前都显得微不足道。

题名：卷云·谋虑

石种：海洋玉髓

作品规格： 56 mm×53 mm×4.5 mm

不谋其前，不虑其后，不恋当今；

行也安然，坐也安然，穷也安然，富也安然；

宠辱不惊，看庭前花开花落；

去留无意，望天上云卷云舒。

题名：端坐静思

石种：海洋玉髓

作品规格：61 mm×38 mm×4 mm

闭目而坐，使心入定，静思冥想，参悟真理。

放下不该有的贪执，舍弃不该有的烦恼。

抹去尘埃，露出光洁。

让真实照鉴万物，让光明照亮未来。

题名：天外来仙

石种：海洋玉髓

作品规格：50 mm×4 mm

匆匆，实在太匆匆了，到了要分开的时候，才发现自己从来没有珍惜在一起度过的日子，以为今天的快乐都会延续到明天，明天之后还有明天。

题名：天人下凡

石种：海洋玉髓

作品规格：81 mm×58 mm×10 mm

即使是天人，在上天呆久也会罔顾世事，只有一世世轮回历练，才会脱俗超凡。鉴藏

题名：**金面羽人**

石种：**海洋玉髓**

作品规格：**41 mm × 7 mm**

在擎柱空间中屹立，脸上看不出表情，运筹帷幄，决胜于千里之外。

题名：铁甲人

石种：海洋玉髓

作品规格： 55 mm × 39 mm × 5 mm

风寒寒，山间阴云密布，崖边激流飞奔。铁甲人像飞鸟一样俯冲直下，似翻江倒海，似云霄九天，英气迫人。

题名：真武大帝

石种：海洋玉髓

作品规格：58 mm×43 mm×7 mm

有曰："雄不独处，雌不孤居。"玄武龟蛇，纠盘相扶。以明牝牡，毕竟相胥。以示利用龟蛇纠盘之实来宣示阴阳必须相合之理。

小知识： 真武大帝即玄天上帝、玄武大帝，又称荡魔天尊、九天荡魔祖师、无量祖师、荡魔大帝。其披发黑衣，金甲玉带，仗剑怒目，足踏龟蛇，顶罩圆光，形象威猛。龟蛇化为真武手下的龟蛇二将。

题名：**步步高升**

石种：**海洋玉髓**

作品规格：**36 mm × 41 mm × 8 mm**

远似云中矫健疾行，近则平野步履轻盈。

我自心中俱事旁骛，生活事业步步高升。

题名：悬崖·修行

石种：海洋玉髓

作品规格：51 mm×40 mm×5 mm

很多修行人为了避免外界打扰，闭关修行，常常选择人迹罕至的深山僻野，打坐在悬崖绝壁之上，这些悬崖甚至飞鸟不及。这些修行之人或是道行深厚，或是身怀绝技。叹之，山外有高人啊！

题名：临崖观海

石种：海洋玉髓

作品规格： 60 mm × 37 mm × 4 mm

阵阵海风吹来，海面涌起层层波浪，浪打礁石声音震耳欲聋。

萧瑟秋风中登山临崖极目远眺，浪花、山岛、飞翔的海鸥，万千壮丽景象尽收眼底，蔚为壮观。

落日暖崖，海面一如既往的平静。

大自然就是这样的变幻无常。

题名：静坐·心灵

石种：海洋玉髓

作品规格：51 mm×40 mm×5 mm

静坐，与你的心灵进行对话。安静时，可以考虑自己喜欢做的事。万物根源总在心，心若不动，则物我相忘于大道，有形化无形，无招胜有招。孤独并不是缘于身边无人，唯有置身于人群中，你才能坚持对于人类精神价值的信念，从而在精神上充实自己。

题名：寒江独钓
石种：海洋玉髓
作品规格：56 mm×5 mm

秋风瑟瑟，渭水之滨，悠然老者，端坐水边，直钩垂钓，唯我姜尚。

抑或是心有所思，抑或是自娱自乐，只有静静倾听，流水思念影子。

赞姜公，时空阻隔不了他那摄人心魂的魅力，静观世态，待机出山。

题名：贵妇人

石种：海洋玉髓

作品规格：56 mm × 36 mm × 7 mm

双蝶绣罗裙，东池宴，初相见。朱粉不深匀，闲花淡淡香。

细看诸处好，人人道，柳腰身。昨日乱山昏，来时衣上云。

——张先《醉垂鞭·双蝶绣罗裙》

题名：窈窕淑女

石种：海洋玉髓

作品规格： 65 mm × 53 mm × 8 mm

柳低云淡风吹过，纤弱飘逸，细雨织轻纱。

随影飞扬淡离去，爽籁绝尘，余音致悠远。

款款深情，芬芳铭心。

题名：天人力士

石种：海洋玉髓

作品规格：49 mm×6 mm

心不定意乘风而去，黄沙路漫漫，沧海变数。

似水流年随风而来，逍遥看人生，几番情怀。

多愁岁月几多寒暑，平情意难却，自诩淡定。

日出日落周而复始，仍孤旅一人，天涯何路。

鉴藏

题名：侠客

石种：海洋玉髓

作品规格：39 mm×6 mm

银鞍白马，千里疾行。

信马由缰，飒如流星。

深藏功名，侠骨铁铮。

挥洒金槌，烜赫威名。

题名：金童捧仙桃

石种：海洋玉髓

作品规格：55 mm×35 mm×7 mm

粉妆玉砌的世界里，一孩童静静地抱着一个大桃子，若思、若想，又仿佛在沉睡。嘘！不要惊扰他，但愿他做个好梦。

题名： 智慧（参禅）童子

石种： 海洋玉髓

作品规格： 62 mm×30 mm×12 mm

仰望天空，随着成长会从心底凝聚无限智慧。

以不争而达到无所不争，以无为而达到无所不为。

天行健，君子当自强不息。

学而思，则智如江河不觉，随心所欲而不逾矩。

集中所有智慧，为明天做好准备。

题名：观自在

石种：海洋玉髓

作品规格：55 mm×6 mm

我们不能拿凡夫境界来衡量它。

有时空的距离，在东就不在西。

涤荡世人心怀，千山万水是你化幻成的爱。

不可逾越，是现在就不能现未来。

题名：曼妙女王

石种：海洋玉髓

作品规格：56 mm×42 mm×9 mm

她身姿曼妙，亭亭玉立，冰艳中透着高雅。

她翩翩起舞，纤巧轻盈，气质和形态完美有度，相得益彰。

她是圣洁的仙女。

她是高贵的女王。

题名：沙漠野人

石种：海洋玉髓

作品规格：55 mm×44 mm×8 mm

茫茫沙漠，阵风呼啸，漫天黄沙。

风夹沙飞响滚滚而来，扑在身上，打在脸上，令孤苦野人极度无依，迷失方向。

他前方征途漫漫，蜿蜒而没有尽头。愿他会选择坚强，走出逆境。

题名：**飞天成道**

石种：**海洋玉髓**

作品规格：**53 mm×43 mm×8 mm**

衣袂飘飘，须眉俱张，仿佛此时空中劲风狂舞，云彩漫涌，一股刚劲峥嵘的雄健之气喷薄而出。

题名：仰天长啸

石种：海洋玉髓

作品规格：42 mm×64 mm×8 mm

怒发冲冠，凭栏处、潇潇雨歇。抬望眼、仰天长啸，壮怀激烈。三十功名尘与土，八千里路云和月。莫等闲、白了少年头，空悲切。

靖康耻，犹未雪。臣子恨，何时灭？驾长车、踏破贺兰山缺。壮志饥餐胡虏肉，笑谈渴饮匈奴血。待从头、收拾旧山河，朝天阙。

——岳飞《满江红·写怀》

题名：一叶孤舟

石种：海洋玉髓

作品规格：47 mm×32 mm×7 mm

往事如烟，只是一叶孤舟在大海中漂泊。雾气茫茫，一眼看不到边际。只有抖擞精神，扬帆起航，才能到达胜利彼岸。

题名：**英雄相惜**

石种：**海洋玉髓**

作品规格：**54 mm×38 mm×9 mm**

登临顶峰，领略山川，神醉情驰，天下唯我。行走江湖，仗义豪情，英雄莫问出处。

题名：阿凡提

石种：海洋玉髓

作品规格：61 mm × 38 mm × 5 mm

民间传说中，阿凡提是智慧的化身、欢乐的化身，只要一提起他的名字，愁眉苦脸的人就会展开笑颜。他勤劳、勇敢、幽默、乐观，富有智慧和正义感。他嘲笑世人的愚蠢，嘲笑投机的商人、受贿的政客，嘲笑那些假仁假义的人，敢于蔑视反动统治阶级和一切腐朽势力。

题名：**大地之子**

石种：**海洋玉髓**

作品规格：**56 mm×44 mm×8 mm**

生我者大地，我静静匍匐在母亲的怀抱，吸吮土地的清香，沐浴太阳的光照，汲取大自然的精粹，感知人间一切之美好。

题名：头像

石种：海洋玉髓

作品规格：53 mm×28 mm×6 mm

劈断昆仑，有宝剑，锋芒淬砺。平地起，电光石火，一声霹雳。

二十二年成永久，九州百姓仰英烈。牧猪童，身世本平凡，真奇迹。

——郭沫若《满江红·雷锋》

题名：天涯圣人

石种：海洋玉髓

作品规格： 35 mm × 23 mm × 2 mm

山水无数，只身向天涯，相思无尽处。

神定乾坤，自由逍遥。

题名：仙人观云

石种：海洋玉髓

作品规格：42 mm×36 mm×8 mm

大海泛起万卷波浪，海面被落日余晖映照得宛如金色沙滩，远处白云朵朵，碧空万里。

一位仙人轻浮在烟波的海面，静静地、孤单地矗立，极目远望，浩瀚无垠。他若思若想，超脱泰然。

题名：**大智若愚**

石种：**海洋玉髓**

作品规格：**53 mm×15 mm**

大勇若怯，大智如愚，至贵无轩冕而荣，至仁不导引而寿。

——苏轼《贺欧阳少师致仕启》

题名：天人力士

石种：海洋玉髓

作品规格：48 mm × 33 mm × 9 mm

它似天人，似武士，它先天而存在，无声无形。

它聚万物生成，具有无尽的力量。

它侠肝义胆，智惠万邦。

它就是传说中的天人力士。

题名：我本无相

石种：海洋玉髓

作品规格：42 mm×43 mm×10 mm

题名：我本有相

石种：海洋玉髓

作品规格：53 mm×20 mm

抱着感恩的心面对一切，勿自我局限、自我约束，反省自己，思量一切因果。

凡事勿往外求，靠自己努力，种善因才有善果。

题名：拥抱未来

石种：海洋玉髓

作品规格： 59 mm×54 mm×14 mm

现实不像想象中的那样美好，未来也不像梦想中那般辉煌。但我胸怀大志，意志坚强，脚踩大地，头顶蓝天，宽宏大量，海纳百川。

我用不凡的气度拥抱世界、拥抱未来。

思索永不会停止，未来无限光明。

题名：静心观坐

石种：海洋玉髓

作品规格：49 mm×5 mm

能坐如是观，才会执着。

心如止水，遇事才会淡定从容。

修心不是一日之功，坚持才会事有所成。

题名：童子拜观音

石种：海洋玉髓

作品规格：72 mm×52 mm×8 mm

极目远望，微风拂面。

天水一色，烟雾弥漫。

小小童子，虔敬拜观。

故事神话，经典流传。

第二节
动物展示篇

题名：雄狮

石种：海洋玉髓

作品规格：60 mm × 67 mm × 14 mm

金眸玉爪目悬星，群兽闻知尽骇惊。

怒慑熊罴威凛凛，雄驱虎豹气英英。

——夏言《狮》

题名：原始的交流

石种：海洋玉髓

作品规格：95 mm×61 mm×12 mm

语言是人类交流和表达情感的工具，对原始人亦是如此。信息的传达不分时间和空间，方式也是随意的。任何有感知的动物都具备相惜和相恋的天性，一次肢体的碰撞，一次关爱的对视，抑或是面对面的言语交流，无不体现出生灵的本性。

题名：**灵猴**

石种：**海洋玉髓**

作品规格：**92 mm × 68 mm × 7 mm**

袅袅啼虚壁，萧萧挂冷枝。艰难人不见，隐见尔如知。

惯习元从众，全生或用奇。前林腾每及，父子莫相离。

——杜甫《猿》

题名： 副蜥棘龙

石种： 海洋玉髓

作品规格： 57 mm×34 mm×9 mm

恐龙，这种奇特的动物生活在遥远的两亿多年前，那时地球上分布着大片大片的沼泽，深谷里、山坡上，到处覆盖着茂密的森林。在这个绿色的乐园里，它们是统治者，过着悠闲的生活。

题名：虚骨龙

石种：海洋玉髓

作品规格：87 mm×44.5 mm×12.5 mm

黄昏时，大部分动物将回巢休息，这时一只聪明的虚骨龙才刚刚出来觅食。它小心翼翼地在山丘间爬行，拖着长尾探头寻觅，映着太阳的余晖显得更为矫健，双眼炯炯、利爪灵活。它这样出动，还能没有收获吗？无论是蚯蚓还是小型哺乳动物，一定会是它的盘中餐、腹中物。

题名：**虎脸豺狗**

石种：**海洋玉髓**

作品规格：**65 mm×42 mm×10 mm**

一只全身长满斑点的豺狗在沙漠中飞奔，它高昂着头，形似虎的脸庞非常霸气，尾巴高高地翘起，两只炯炯有神的眼睛紧紧地盯着前方的猎物，似乎在宣示它就是这里的王者。

题名：**雄霸天下**

石种：**海洋玉髓**

作品规格：**54 mm×37 mm×6 mm**

举首朝天稳自重，百兽之中当称王。

雄名一声威四海，金丝厉眸俯天下。

题名：憨牛

石种：海洋玉髓

作品规格：50 mm×36 mm×6 mm

咄这憨牛，顽狂性劣，侵禾逐稼伤蹂。鼻绳牢把，紧紧刀须收。旧习无明常乱，加鞭打、始悟回头。忘思处，孤峰困卧，默默万缘休。

渐鞯。前步稳，芒儿闲散，心意何留。趂云山自在，真东歌讴。蓑笠闲堆古岸，短笛弄、新韵悠悠。黄昏后，人牛归去，唯见月当秋。

——谭处端《满庭芳·咄这憨牛》

题名：**马首**

石种：**海洋玉髓**

作品规格：**68 mm×51 mm×6 mm**

见说蚕丛路，崎岖不易行。

山从人面起，云傍马头生。

——李白《送友人入蜀》

题名：褐犬望月

石种：海洋玉髓

作品规格：53 mm×40 mm×6 mm

月亮的银光洒满大地，在那高高的山峰上，一只褐犬静静地卧着，它仰着头聚精会神地看着月亮，好像在想：我什么时候才能到月亮上去呢。

题名：硕鼠探世界

石种：海洋玉髓

作品规格： 54 mm×40.5 mm×8.5 mm

时节已入深秋，山野已是一片荒凉，一只硕鼠走出洞穴，伸头四处张望，它要为漫长的冬季储粮，也要为繁衍后代不停地奔忙。

题名：金牛牧草

石种：海洋玉髓

作品规格：57 mm×39 mm×10.5 mm

江草秋穷似秋半，十角吴牛放江岸。

邻肩抵尾乍依隈，横去斜奔忽分散。

荒陂断堑无端入，背上时时孤鸟立。

日暮相将带雨归，田家烟火微茫湿。

——陆龟蒙《五歌·放牛》

题名：天马行空

石种：海洋玉髓

作品规格： 61 mm × 51 mm × 9 mm

静思的我向往遥远的天空，独往独来。

习惯了冷清，更耐得住寂寞，因为我心中有美好的憧憬。

天马行空，放飞自我，奔向远方。

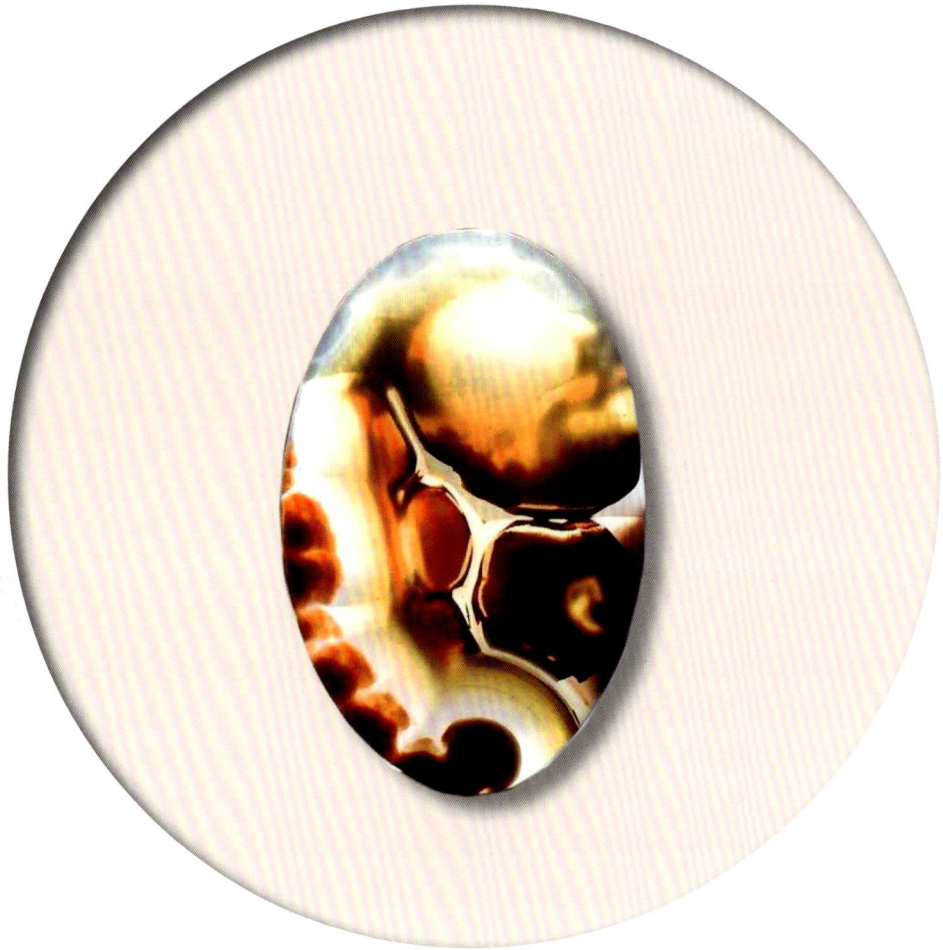

题名：天外狼王

石种：海洋玉髓

作品规格：66 mm×43 mm×7 mm

狼是地球上的物种，贵为狼王即使置身天外也并不孤单，且仍具凶野本性，但先有"母狼育婴"的故事，人类还是应该与狼等动物共享地球，和谐共处。

题名：吞天妖兽

石种：海洋玉髓

作品规格：58 mm×48 mm×5 mm

威暴彪悍，恐怖诡谲。天雷滚滚，狂风骤雨。

蛮荒山脉，兽界巅峰。铁齿铜牙，吞天妖兽。

题名：**宇宙雄狮**

石种：**海洋玉髓**

作品规格：**42 mm×32 mm×5 mm**

宇宙是无尽的，是一种生动和理想的存在。

一头静卧着的雄狮遥望天际，和人类一样渴望探索浩瀚宇宙万千变化的秘密。

题名：古狮嬉戏

石种：海洋玉髓

作品规格： 56 mm×40 mm×10 mm

它是蛮荒之地上的王者。凶猛时，傲视群雄，勇者无敌。娴静时，风度翩翩，似高贵优雅的贤君。

我们只熟知它的狂野，但闲情浪漫也是它的本性。

难得古狮嬉戏场景，给漫漫荒野也平添了几分情趣。

题名：双熊出没

石种：海洋玉髓

作品规格：52 mm × 34 mm × 8 mm

无论是高大巍峨的青云山脉，还是涓涓的清流小溪，抑或是苍劲挺拔的原始森林，双熊兄弟的出现，打破了这宁静的平衡。它们结伴出行，时而争斗，时而温存，时而怒吼镇吓四方。

它们是人类的朋友，是地球上的生命，地球永远是它们的美好家园。

题名：思索未来

石种：海洋玉髓

作品规格：50 mm×42 mm×6 mm

它，有时也在静静地享受自然界的美丽。

五彩斑斓的绚丽世界，在它眼里充满了魅力。

它是人类的伙伴，先我们来到这里。

那布满沧桑的脸，时刻思索着未来。

题名：花龙虾

石种：海洋玉髓

作品规格：56 mm×27 mm×6 mm

一只花龙虾在水中漫游，重重叠叠的玉足前后摆动，盔甲上的星星斑点彰显了其个性和刚毅，虾螯是其捕食和防卫的利器，身段收放自如乃是长久锻炼的结果，弯曲的身体更显示其腰身节节美丽。

小知识： 虾，生于水中，穿梭自由，且能屈能伸，寓意生活事业游刃有余，事事圆满顺畅，节节高升。

题名：花龙虾

石种：海洋玉髓

作品规格：83 mm×58 mm×13 mm

形似龙虾，绷紧肌肉，形如变形金刚萨克巨人的肢体蜷缩在一起，看似水中悠扬，随波逐流，实则一双灯泡似的眼睛警惕地环顾四周，那三角形的头轻轻摇晃，尾巴随意摆动，它拉开进攻的架势，抱紧双拳，好像要打一套迷踪虾拳。

题名：鲸

石种：海洋玉髓

作品规格： 63 mm × 45 mm × 10 mm

海洋里最大的动物是鲸，它是海中的巨无霸，其流线型身体异常光滑，游泳前行时阻力很小，速度很快。因此它在深深的海底遨游，不管风平浪静，还是狂风怒号，波浪滔滔，它都神态自若，犹如闲庭信步。它时而浮出水面，高高地露出头颅，望望远山，望望天空，也会和蓝天白云打个招呼。

题名：鲨鱼

石种：海洋玉髓

作品规格：32 mm×48 mm×5 mm

一只巨大的鲨鱼在海里悠闲地游荡，时而浮在水面，时而潜入海底。它游过的地方水花泛起，海底的各种水草向它挥手致意。它目无周围的世界，它是水中的王者。

题名：天降神龟

石种：海洋玉髓

作品规格：73 mm × 36 mm × 4 mm

金色的沙滩犹如一片黄色的海，一只龟静静地卧在那里，它身躯矫健，背甲白色带黑，看似安静，却时露霸气。不知所生、不知何来，乃天降神龟。

题名：**金钱龟**

石种：**海洋玉髓**

作品规格：**57 mm×42 mm×8 mm**

我背阔、头小，人们之所以叫我金钱龟，是因为我的头和背光滑无鳞，且呈蜡黄色。我生活在山谷、河溪中，别看我吃东西狼吞虎咽，但我温顺、胆怯、喜静。我丑，但我很可爱。

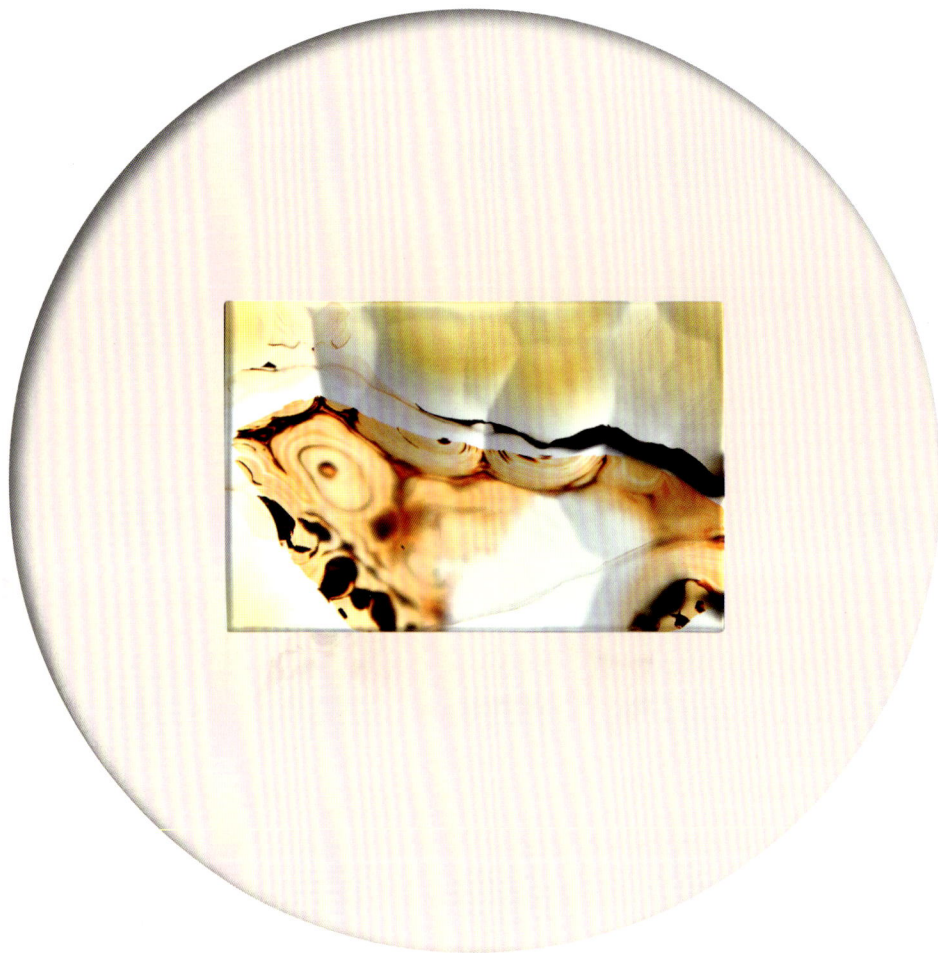

题名：金蟾

石种：海洋玉髓

作品规格：79 mm×50 mm×4 mm

月青露紫翠衾白，相思一夜贯地脉。帝遣纤阿控绿弯，
昆仑低小海如席。曲房小幄双杏坡，玉凫吐麝熏锦窠。
软香蕙雨裙衩湿，紫云三尺生红靴。金蟾吞漏不入咽，
柔情一点蔷薇血。海山重结千年期，碧桃小核生孙枝，
陈王此恨屏山知。

——刘克庄《东阿王纪梦行》

题名：招财金蟾

石种：海洋玉髓

作品规格： 60 mm×43 mm×4 mm

凤凰非梧桐不栖，金蟾非财地不居，金蟾所居之地，皆为聚财之宝地。

满到十分人望尽。仙桂无根，到处留光景。听我尊前欢未竟。金后已弄寒蟾影。银色界中风色定。散了浮云，宝匣初开镜。归去不须红烛影。天边自与人相趁。

——黄裳《蝶恋花》

题名：飞鹤

石种：海洋玉髓

作品规格：65 mm×40 mm×9 mm

"鹤鸣人长寿"。鹤是长寿的象征，有仙鹤之称。鹤，性情雅致，形态美丽，素以喙、颈、腿"三长"著称，直立时可达 1 米多高，看起来仙风道骨，被称为"一品鸟"。

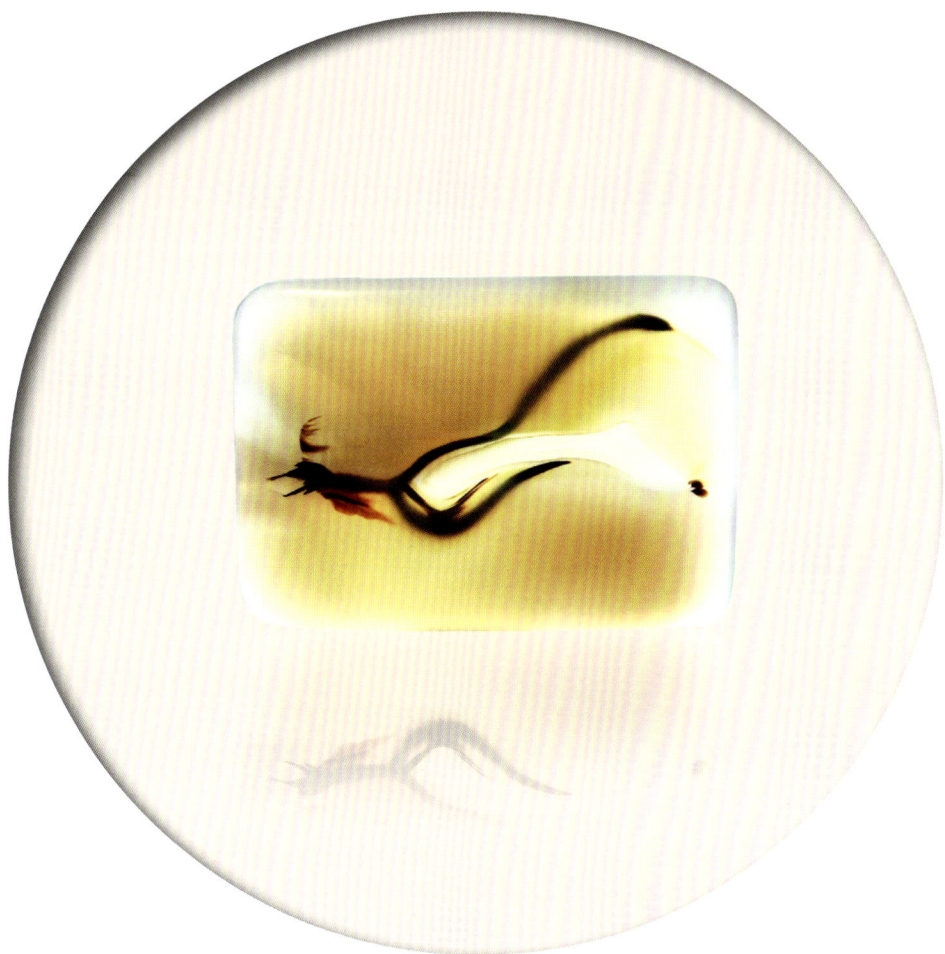

题名：凤凰

石种：海洋玉髓

作品规格：62 mm×42 mm×4 mm

胸膛的烙印，飞千万缕魂灵，随风轻舞，汇成古老图腾。橘黄色的火焰，或地狱或天堂，承载多少情恨痴怨，火焰是你重生的温床。时光流转，你再次飞入凡间，五百年一回的沦落，涅槃容易成佛难。凤凰啊，有谁听见你的哀歌，慈悲的泪珠，涅槃最后一滴鲜血。

题名：凤凰

石种：海洋玉髓

作品规格： 60 mm×50 mm×20 mm

微风轻拂，优美动人的凤凰展翼，好像是亭亭玉立的女子甩动着一头飘逸的秀发，伊人红装，荏苒风华，独处相思苦，亦难解凤凰劫。

云淡风轻里，落寂于尘世间划过芳华如锦的记忆，如寂寞氤氲。

题名：黑鸭子

石种：海洋玉髓

作品规格：61 mm×46 mm×9 mm

一只鸭子浮在水面，全身长满黑色油亮的羽毛，尾部的小羽毛翻动着波浪，似礼服的小裙边随风摆动，显得高贵而神秘。

题名：金如意鸟

石种：海洋玉髓

作品规格：85 mm×66 mm×12 mm

鸟儿使我们的世界变得更美丽，一个不起眼的角色，让世界焕发生机。当精致、漂亮的巢穴准备好时，你从远方归来，带着只属于你的美丽青春，站在属于我的领地，傲视脚下一片蓝天，任老鹊们在低语中窥望、垂涎。

题名：**富贵鸟**

石种：**海洋玉髓**

作品规格：63 mm×37 mm×7 mm

羽驾正翩翩，云鸿最自然。

霞冠将月晓，珠佩与星连。

镂玉留新诀，雕金得旧编。

不知飞鸟学，富贵几人仙。

——韦渠牟《杂歌谣辞·步虚词》

题名：天鹅

石种：海洋玉髓

作品规格： 5.4 mm×3.9 mm×1.2 mm

一平如镜的湖面，游弋着一只柔媚娇艳、飘逸似仙的天鹅。

题名：飞雁

石种：海洋玉髓

作品规格：51 mm×40 mm×6 mm

迷蒙的雾霭渐渐消散开去，朝阳初露光芒，一只飞雁猛地拍了拍翅膀，冲向那一望无垠的天空。鉴藏

题名：小鸡啄米

石种：海洋玉髓

作品规格：55 mm×40 mm×6 mm

一只可爱的小鸡只有拳头一般大小，一身浅黄色，毛茸茸的，摸上去特别舒服。它扭动着细小的脖子，不时唧唧地叫唤着，用尖尖的小嘴东一啄，西一啄，一双小眼睛忽闪忽闪的，真是可爱。

题名：**孤禽觅食**

石种：**海洋玉髓**

作品规格：**85 mm×91 mm×18 mm**

在波涛翻滚的无际海面，一只孤禽迎着飓风振翅翱翔，它时而昂头飞向高空，时而俯冲跃入水中，它经受着海风和巨浪的冲刷和洗礼，并随时觅得那藏于水中的美食。苍穹是它广阔的家园，大海是它生命的源泉。

题名：大鹏金翅鸟

石种：海洋玉髓

作品规格：60 mm×55.5 mm×9.5 mm

传说中大鹏金翅鸟与天地同寿，它一生不吃不喝，只卧在一个人迹罕至的去处酣眠，每逢五百年便睁开一次眼睛，鸣叫三声。当它的巨眼睁开的时候，太阳是那般火红，海洋是那般湛蓝，万物生辉。当它啼鸣之时，山川、大地都低声和鸣。之后又是沉睡五百年，循环往复。

题名： 鹰击长空

石种： 海洋玉髓

作品规格： 46 mm×8 mm

晴空万里升起淡淡云霞，流云擦过鹰的双翼，满天回荡着它的长啸。天空广阔，太阳离它很近又很遥远。俯瞰脚下山河大地，群山峻峭，绵延千里，一幅幅俊美画卷似微风轻轻拂过它的眼帘。俯视八百里奔腾的云与路，任它自由飞翔。

题名：**蝴蝶展翅**

石种：**海洋玉髓**

作品规格：**49 mm×34 mm×5 mm**

玲珑素雅的蝴蝶像一朵朵小花，扇动着双翅在山崖间飞行，展现出顽强和坚韧。尾翼形如丝带，临风飘动，姿态煞是优美。

题名： 蝴蝶翩飞

石种： 海洋玉髓

作品规格： 52 mm×33 mm×8 mm

一只蝴蝶在风中自由地飞翔，它飘然、轻盈、花枝招展。绒绒的薄翼如此美丽，宛若明媚的锦纱。它是花的使者，是大自然的骄子，来去无声，把五彩缤纷留给绿地蓝天。

题名：鸟语花香

石种：海洋玉髓

作品规格： 58 mm×41 mm×5 mm

鸟儿嗅着花香，花儿聆听鸟语，空气里弥漫着温润的诗意。风微微地吹拂，树枝轻轻摇曳。转瞬间，远方的山紫气连绵，幻化出一坡红、一坡橙、一坡黄，乃至一坡坡绚丽斑斓。

题名：金玉鹰

石种：海洋玉髓

作品规格：53 mm × 35 mm × 5 mm

春天到，大地万物复苏，山石丛林间响彻鸟儿悦耳的啼鸣。

鹰的羽毛上洒满阳光。它承载着希望，自由地飞向遥远的天空。

题名：玉透鸟

石种：海洋玉髓

作品规格： 54 mm×43 mm×4 mm

千年桑树冠如云，熟葚玉透翠缤纷。

百鸟枝间互穿梭，落果似雨入红尘。

题名：**凤舞九天**

石种：**海洋玉髓**

作品规格：98 mm×53 mm×17 mm

龙飞九天扶摇直上八万里。

凤舞大地壮志豪情振乾坤。

题名：富贵飞鸟

石种：海洋玉髓

作品规格：27 mm×14 mm×4 mm

它有尖尖的小嘴，身披金色的羽毛，展开那美丽的翅膀，身轻如燕，自由地飞翔，划过天空，天空却一片安详。

它是富贵、吉祥的使者，不知疲倦地为美好吟唱，带去生命的气息。

花开知多少，春天又来了。

题名：富贵凤凰

石种：海洋玉髓

作品规格：56 mm×6 mm

凤凰是人们幻想出的鸟中之王，是古代东方尊贵的象征。它羽翅丰满、五彩缤纷、色泽娇艳，用翩翩优雅舞蹈炫耀自己的美丽。它代表吉祥、善美、华贵、圣洁，永驻光芒。

题名：静卧的鳄鱼

石种：海洋玉髓

作品规格：52 mm×34 mm×5 mm

一只静卧的鳄鱼，满身坚硬的铠甲，拖着一条长长的尾巴，凝神注视着前方。天气很是炎热，而它却似在享受自然。

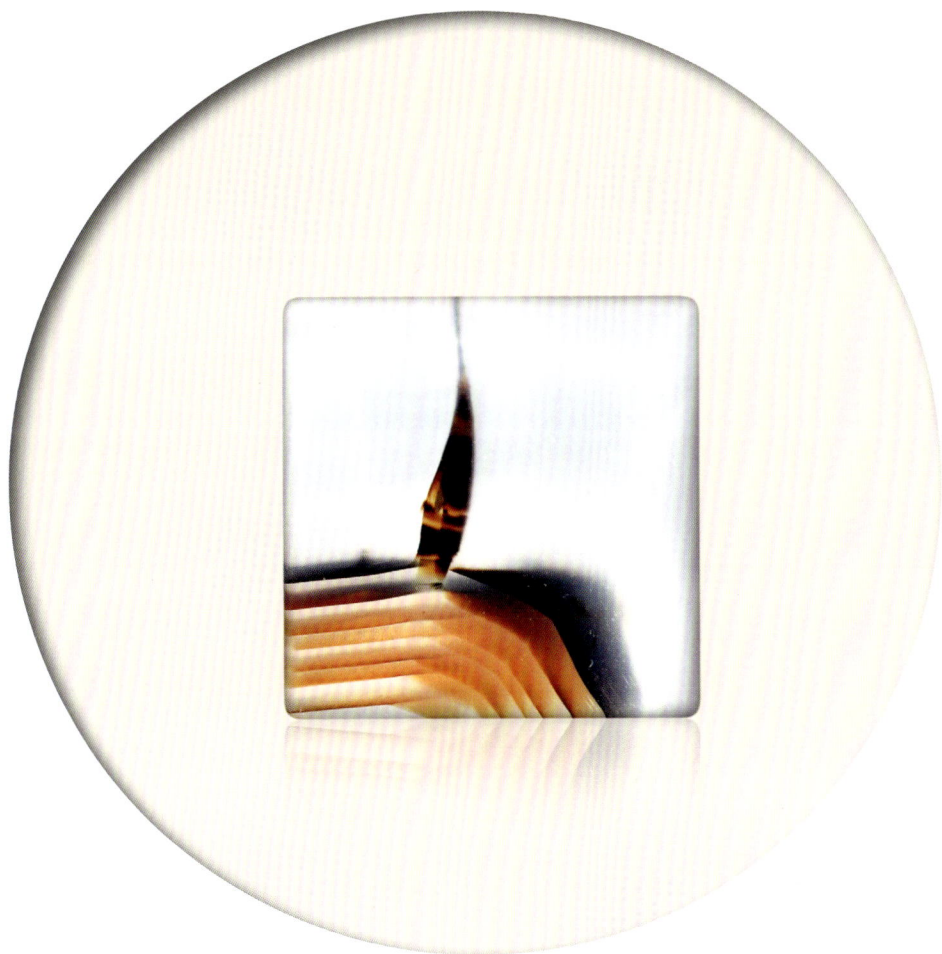

题名：鱼跃苍穹

石种：海洋玉髓

作品规格：38 mm×40 mm×11 mm

无论是宁静的湖水、潺潺的小溪、湍急的河流，还是平静的海洋，梦中的水总是寓意着生命。那逆流而上高高跃起的大鱼，无不体现生命的顽强，以及对美好世界的向往。

题名：**唐老鸭**

石种：**海洋玉髓**

作品规格：　**56 mm×44 mm×7 mm**

成群的唐老鸭伸展着宽阔的双翼，用有力的脚掌划着湖水前行，湖面上荡起一圈圈粼粼的波纹，远远望去好像一只只风帆在水中荡来荡去，又像天上的朵朵白云映在水面。唐老鸭时而挺脖昂首，神气如同将军；时而曲颈低头，娴雅胜似仙子。

题名：沧海巨鲨

石种：海洋玉髓

作品规格：56 mm×6 mm

在灰黄的玉髓岩中，沉卧的沧海巨鲨姿态轻盈，脊骨、纹理清晰可见。它虽有远古的沧桑历练，并饱经亿万年海水洗礼，但仍显示出坚韧品质，也见证了海洋地质的自然变迁。

第三节
日月宇宙篇

题名：破晓

石种：海洋玉髓

作品规格：55 mm×8 mm

天渐渐破晓，大地朦朦胧胧的，如同笼罩着银灰色的轻纱，此刻万籁俱寂。不一会儿，东方天际泛起了一片鱼肚白，天空也光亮起来，整个大地好像瞬间布满了一层金辉。鉴藏

题名：明月当空

石种：海洋玉髓

作品规格：53 mm×77 mm×2 mm

海上生明月，天涯共此时。

情人怨遥夜，竟夕起相思。

灭烛怜光满，披衣觉露滋。

不堪盈手赠，还寝梦佳期。

——张九龄《望月怀远》

题名： 夕阳西下
石种： 海洋玉髓
作品规格： 70 mm×56 mm×12 mm

站在黄昏里，看西山一片美好，夕阳染红了半边天，山成了金色，云朵成了彩花在山尖轻舞。不一会儿，火焰的顶端渐渐落入山的脚下，茫茫黄昏中的华美也戛然而止。

题名：落日

石种：海洋玉髓

作品规格：30 mm×4 mm

落日时，太阳收敛起刺眼的光芒，变成了一张红彤彤的圆脸。明净的天空下，大湖的颜色越来越浓，湖水像是在不断地上涨。

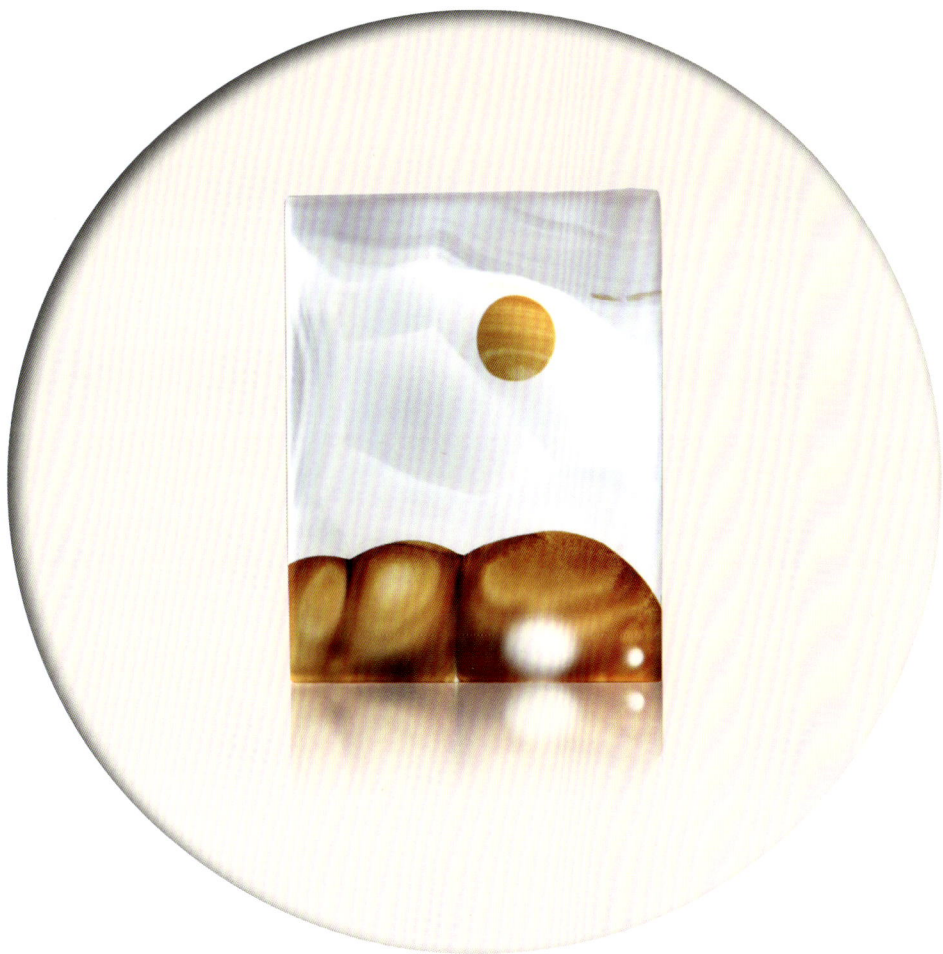

题名：红日高悬

石种：海洋玉髓

作品规格：68 mm×52 mm×3 mm

东边山峦的背后升起的太阳像一只橘红色的火球悬在空中，灿烂的阳光穿过轻纱般飘荡的薄雾，把大地照得一片光明。

题名：海上生明月

石种：海洋玉髓

作品规格： 44 mm × 35 mm × 7 mm

徐徐晚风，似一面美丽的绢扇拂过，轻轻的、柔柔的。一轮冰盘般的素月恬静地浮在海平面上，淡雅而朦胧，仿佛置身于那深邃的苍穹中，倾泻着她那诱人的月光，洒落的银光令人陶醉。

题名：朝阳泛舟

石种：海洋玉髓

作品规格：43 mm×3 mm

迎着朝阳，载着秋色，荡漾十里湖光，泛起轻波细浪，扬帆远航。

题名：夕阳西下

石种：海洋玉髓

作品规格：64 mm×46 mm×7 mm

落日，这是真正的落日，黄昏的落日依然美丽。虽已是夕阳西下，但染着余晖的阳光碎片仍浮在上空，折射出不可侵犯的光芒。万里霞光也为她的谢幕呈现出了绚烂的华彩。

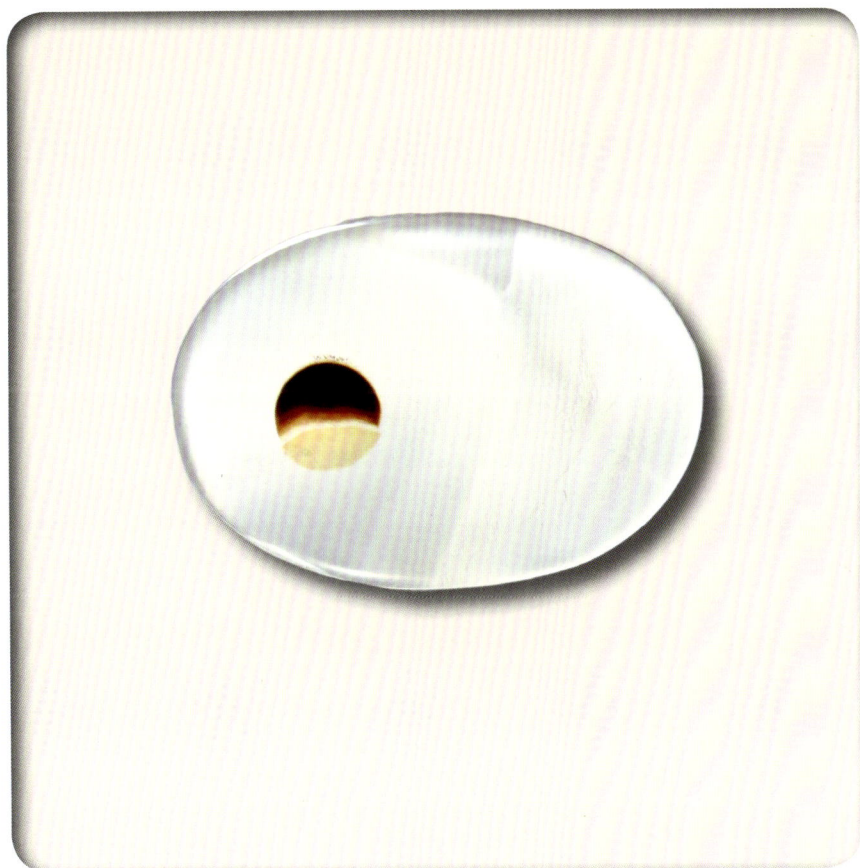

题名：日出日落

石种：海洋玉髓

作品规格：50 mm×31 mm×5 mm

日出带来的是朝气蓬勃，日落展示的是温柔与成熟。

日出东头，一半海水，一半火焰。

天静如水，日光似火，心如海水。

题名：凤舞黑阳

石种：海洋玉髓

作品规格：45 mm×41 mm×6 mm

黑阳高悬，远处彩云似轻丝飘逸，如流水般轻歌曼舞，若仙若灵。

云下山峦层叠，宛若泛黄书卷，记录这黑阳凤舞的精彩瞬间。

题名：落日余晖

石种：海洋玉髓

作品规格：50 mm×6 mm

傍晚太阳的余光把西山映成了红色，将树也染成了红色，遍山洒满了金色。然而，这天连地、地连天的景色只持续了一会儿，太阳微微跳动几下，便轻轻躲进了山后，天也渐渐地变黑了。而这落日余晖的美丽景色依然令人回味。

题名：日全食

石种：海洋玉髓

作品规格：61 mm×40 mm×11 mm

阳光越是强烈的地方，阴影就越是深邃。无数的秘密，就像是不安分的日珥，扫向浩瀚无垠的宇宙。鉴藏

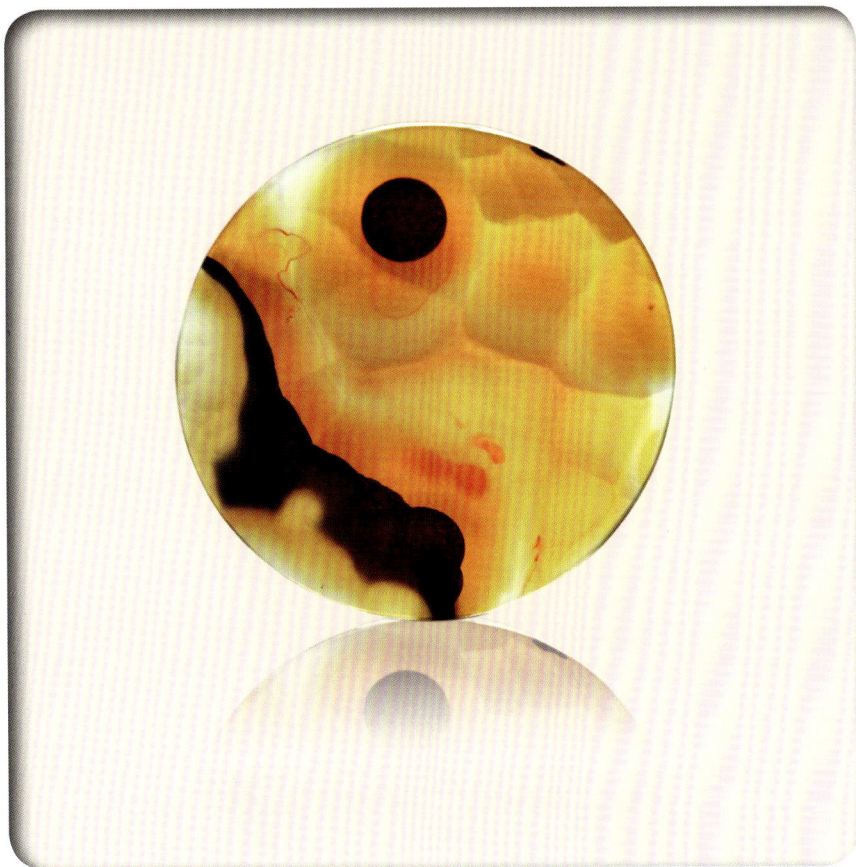

题名：日食

石种：海洋玉髓

作品规格： 68 mm×68 mm×3 mm

这是一种奇特的天象景观，圆圆的太阳变成了纯黑色，周围却依然明亮。它的出现让人期盼，展现的魅力让人惊呼和感叹。它是美丽的传说，却又实实在在地存在着。

题名： 日出

石种： 海洋玉髓

作品规格： 49 mm×34 mm×5 mm

圆圆的太阳跳出山峦，红彤彤的，仿佛是一块光彩夺目的玛瑙盘，太阳缓缓地向上移动，霞光尽染无余。那轻舒漫卷的云朵，好像身着红装的少女，正在翩翩起舞。

题名：太阳初升

石种：海洋玉髓

作品规格：57 mm × 44 mm × 5 mm

太阳已经露出山顶了，它变得越来越大，越来越亮，阳光洒向大地，给大地穿上了鲜艳的衣裳，让世界变成了金色的，又好像把自己绚丽的色彩展示给世间万物看。

题名：黑日遮顶

石种：海洋玉髓

作品规格：58 mm×45 mm×7 mm

黑日悬半空，乌云压山顶。

山峦叠重影，山云日有情。

题名：珠联璧合

石种：海洋玉髓

作品规格：30 mm × 47 mm × 1 mm

如日月合璧，如双星连珠。

日月的光芒交相辉映，撒向大地万物祥和。

题名：长河落日

石种：海洋玉髓

作品规格：48 mm×51 mm×4 mm

一盘浑圆的落日贴着沙漠的棱线，大地被衬得暗沉沉的，透出一层深红；托着落日的似凝固了的沙漠浪头，远远看去，沙漠像是一片睡着了的海。

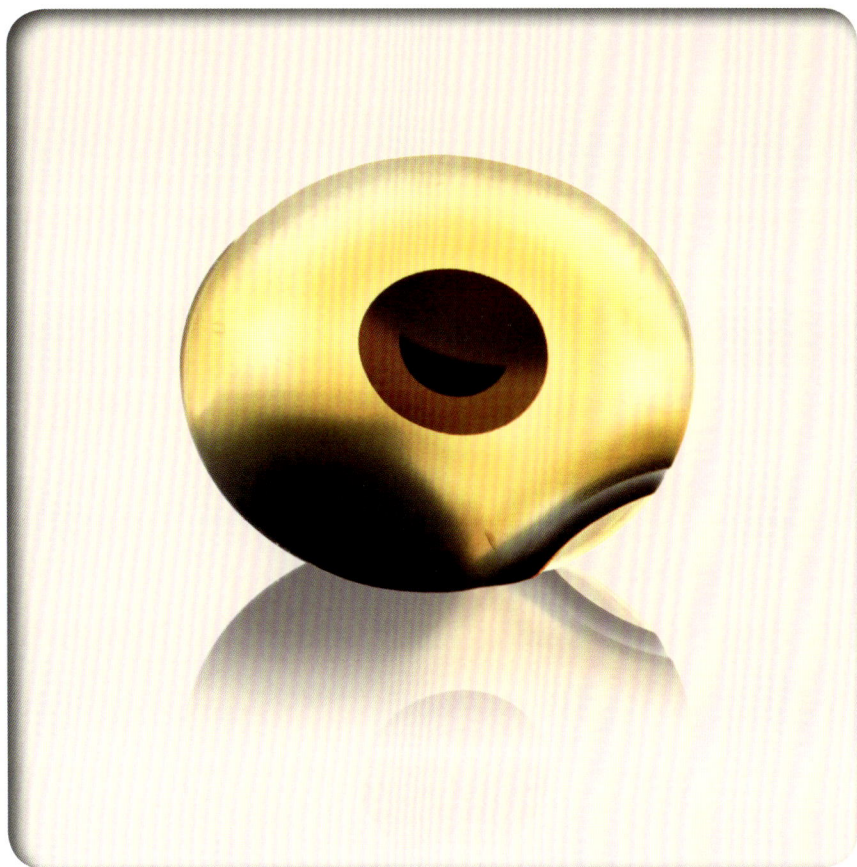

题名：日月同辉

石种：海洋玉髓

作品规格： 40 mm × 33 mm × 5 mm

太阳明媚，月亮沉醉。

日月同辉，尽显大自然缤纷的色彩。

世间轮回，万物和谐共存。

题名：湖水映日

石种：海洋玉髓

作品规格：34 mm×5 mm

正午时分，湖水依然平静如镜，当头的太阳直接映入湖面，似沉入水底又似浮在水面。远处的山峦依稀可见，湖边的灌木郁郁葱葱，生机盎然。如此一幅大自然融合的山水画卷，浑然天成，美轮美奂。

题名：中正太阳

石种：海洋玉髓

作品规格：49 mm×6 mm

单车欲问边，属国过居延。征蓬出汉塞，归雁入胡天。

大漠孤烟直，长河落日圆。萧关逢候骑，都护在燕然。

——王维《使至塞上》

题名：落日洒金

石种：海洋玉髓

作品规格：44 mm×5 mm

红日西垂，山坳里已洒满金色，太阳就要落山了。太阳像余热未消的火球，将西面的半边天空燃烧出一片金色的晚霞。

题名：**半月**

石种：**海洋玉髓**

作品规格：**58 mm×9 mm×9 mm**

一道残阳铺水中，半江瑟瑟半江红。可怜九月初三夜，露似真珠月似弓。

——白居易《暮江吟》

题名：红日炫辉

石种：海洋玉髓

作品规格：60 mm×44 mm×7 mm

当圆圆的太阳升到了高空，犹如一个巨大的火球，射出道道炫目的光辉，大地上万物都像烫了金似的，浓浓地染上了一抹橙黄。四溢的万缕红霞和山谷中缓缓升腾的晨霭交融，变幻出迷人的光环。

题名：黄沙遮日

石种：海洋玉髓

作品规格：42 mm×3 mm

远远望去，狂风卷起黄沙形成铺天盖地的巨浪。

霎时间，遮天蔽日，平静清澈的天空变成了一片混沌的海洋，分不出地面和天际。

透过沙幔，太阳依稀可见，光芒犹在，一样的瑰丽多彩，一样的变幻无穷。

题名：浩瀚宇宙

石种：海洋玉髓

作品规格：70 mm×62 mm×3 mm

浩瀚的宇宙，一望无际，遥无尽头，既神秘又让人们憧憬。它似乎拥有着神秘的力量，促使着人们去探究。它难以置信的庞大，又不可思议的渺小。圆满和谐，容天地万物。

题名：无穷宇宙

石种：海洋玉髓

作品规格：70 mm×62 mm×3 mm

四方上下曰宇，古往今来曰宙。宇宙便是吾心，吾心便是宇宙。

——陆九渊

题名： 外星智慧眼

石种： 海洋玉髓

作品规格： 48 mm×37 mm×11 mm

那些拥有智明天眼的人类，是庸碌人群之上的寥寥星辰，怀着巨大的悲悯，试图拯救这些浑浑噩噩的如蝼蚁般忙碌的人群。

题名：极光

石种：海洋玉髓

作品规格：49 mm × 4 mm

极光像飘逸的丝带，像轻柔的面纱，由深到浅，由金黄到灰暗，时而闪现，时而聚光，时而放射，形态千变万化，是天空绚丽壮美的自然景观。

第四节
山水景植篇

题名：黄岩·密林

石种：海洋玉髓

作品规格：85 mm×67 mm×12 mm

尖齿利牙的黄岩怪石遍布山野，坚硬的石质经数千载风化侵蚀，呈现出龟裂痕迹。黄岩脚下流水淙淙，丛林茂密，好一幅山、岩、林、水的美丽画卷。

题名：澄霁·华景

石种：海洋玉髓

作品规格：77 mm×5 mm

时竟夕澄霁，云归日西驰。密林含馀清，远峰隐半规。

久痗昏垫苦，旅馆眺郊歧。泽兰渐被径，芙蓉始发迟。

未厌青春好，已睹朱明移。戚戚感物叹，星星白发垂。

药饵情所止，衰疾忽在斯。逝将候秋水，息景堰旧崖。

我志谁与亮？赏心惟良知。

——谢灵运《游南亭》

题名：沙海孤枫

石种：海洋玉髓

作品规格：73 mm×52 mm×9 mm

茫茫沙海，狂风卷起沙浪如翻涌的波涛，一直延伸到遥远的天际。

漫漫沙野，一棵参天古枫孤零矗立，它凭借顽强的毅力，接受风沙的洗礼。

沙海孤枫在黄沙的映衬下有一种亘古不变的静穆，苍青伟丽。

题名：**山之仁**

石种：**海洋玉髓**

作品规格：**40 mm×4 mm**

山之仁，在于涵纳了苍天古木，也收容了遍野小草；山之厚，在于孕育了豺狼的凶吼，也滋护了鸟雀的悲啸。它或者环抱双手，让流水变成湖泊；或者裂开身躯，让瀑布倒挂前川。山谦卑地静立着，沉默地忍受着岁月打磨的痛苦和人类恣意给它的挫折。时间记录下它的伤痕。即使如此，它依旧包容万物。

题名：陡山静语

石种：海洋玉髓

作品规格：37 mm×27 mm×6 mm

山虽无言，然非无声。那直入云天的陡崖峭壁，仰望蓝天，面对大海，述说着时光的流失、岁月的沧桑。它苍老的面庞是对肆虐狂风的抗议，令人肃然起敬。白云从它头顶划过，轻拂它的脸庞。

题名：山景

石种：海洋玉髓

作品规格：52 mm×43 mm×5 mm

烟雨朦胧紫云升，山青水墨苍穹中。

虚空缥缈一念间，逍遥自在当下行。

三十年前见山是山，见水是水；后来是见山不是山，见水不是水；到最后是见山又是山，见水又是水。山水不变，变的是那颗看山看水的心。进得去，出得来。进时一分不剩，出时了无牵挂。

题名：田园乐

石种：海洋玉髓

作品规格：67 mm×49 mm×9 mm

山下孤烟远村，天边独树高原。

一瓢颜回陋巷，五柳先生对门。

——王维《田园乐》

题名：山石树影

石种：海洋玉髓

作品规格：41 mm × 38 mm × 5 mm

漫山遍野的古树，像是一片绿色的海洋。在绿色的海洋里，一株株树木枝条叶片碧绿滴翠，亭亭向上，仿佛一幅郁郁葱葱的水墨画卷。

题名：**海中仙草**

石种：**海洋玉髓**

作品规格：**50 mm×48 mm×11 mm**

美丽的生命可以生于田野，也可以植根海底。影子与影子的重叠，梦境与梦境的缠绕，波涛阵阵，海浪依旧，海底礁石生长出密密麻麻的水草，把大海装点得更加美丽。

题名：**红枫映秋池**

石种：**海洋玉髓**

作品规格：**53 mm×40 mm×8 mm**

秋天的枫叶，它红得似火，红得似血。它把秋天的激情点燃，把秋天的激情礼赞。是枫叶染红了秋色，给了我们秋的遐想、秋的感叹！当我们遥望无边的枫叶被落日照耀得如同燃烧的火焰时，还有谁不赞叹这秋的美丽、秋的灿烂、秋的珍贵？

题名：烟雨艳阳

石种：海洋玉髓

作品规格：57 mm×30 mm×5 mm

秋天是万物成熟的时节，此时经霜的红叶漫山遍野，如火似锦，分外娇艳。人们不要辜负大自然层林尽染的这份美意，有时间就要走出去，快走、慢跑、登山、赏菊，呼吸大自然赠予我们的天之气、地之气、森林之气。

题名：丹霞地貌

石种：海洋玉髓

作品规格：65 mm×54 mm×11 mm

余霞散成绮，澄江静如练。

——谢朓《晚登三山还望京邑》

红色的丹霞山，远看似红霞，近看则色彩斑斓。它群峰如林，疏密相生，高低参差，错落有序。山间高峡幽谷，古木郁葱，淡雅清风，一尘不染。锦江秀水，竹树婆娑，满江风物一脉柔情。

题名：**两岸齐眉**

石种：**海洋玉髓**

作品规格：**68 mm×45 mm×10 mm**

两岸山石对峙，隔空屹立。

仰头奇峰冲天，齐眉高歌。

山水云雾间，忽隐忽现，若即若离。

题名：枫叶

石种：海洋玉髓

作品规格：47 mm×4 mm

枫的颜色纯洁美丽，那明镜般一尘不染的赤子的玲珑透明的心，倾听着叶子与秋风合唱，那温婉的歌诉说着游子的思乡。

题名：观红叶

石种：海洋玉髓

作品规格： 48 mm×38 mm×7 mm

漫山填谷涨红霞，点缀残秋意太奢。

若问蓬莱好风景，为言枫叶胜樱花。

——王国维《观红叶》

题名：小竹笋

石种：海洋玉髓

作品规格：43 mm×5 mm

细雨斜风作晓寒，淡烟疏柳媚晴滩。入淮清洛渐漫漫。

雪沫乳花浮午盏，蓼茸蒿笋试春盘。人间有味是清欢。

——苏轼《浣溪沙·细雨斜风作晓寒》

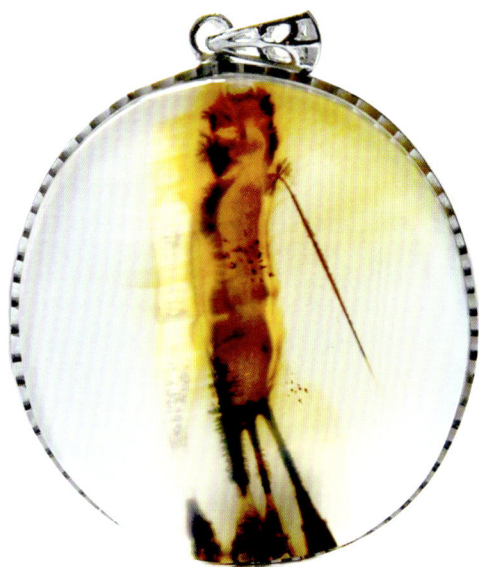

题名：人参

石种：海洋玉髓

作品规格：44 mm×40 mm×10 mm

五叶初成椵树荫，紫团峰外即鸡林。

名参鬼盖须难见，材似人形不可寻。

——陆龟蒙《奉和袭美谢友人惠人参》

题名：芦苇飘荡

石种：海洋玉髓

作品规格： 58 mm×40 mm×10 mm

秋冬之际的芦苇荡一色的金黄，阳光在密织的芦苇叶子里穿梭，影子斑驳。

在秋风中，苇秆在摇，苇花飘逸。

空气里充满迷人的气息，芦苇醉了，芦荡大美。

题名：雪和松

石种：海洋玉髓

作品规格：63 mm×38 mm×9 mm

松说，我的每片叶子都是针，但我能托起你，托起你那片片如鹅毛的雪片。雪说，我是随风翩翩起舞的少女，轻盈的身姿依偎在你那坚实的臂膀之上。松，风清傲骨；雪，御寒坚强。松的坚韧、雪的飘逸，给大自然平添美丽。已是春暖花开时，雪是滋养松的甘露，而松更加坚强，待到冬日来临，迎接雪的造访。

题名： 小花

石种： 海洋玉髓

作品规格： 45 mm×4 mm

最美的花瓣是柔软的，最绿的草原是柔软的，无边的天空是柔软的，天空中自在飞翔的云是柔软的！草原的小花有绿草的映衬显得更美，这是柔弱的美，但坚强而自在。愿小花常开，愿绿色永在。

题名： 似花非花

石种： 海洋玉髓

作品规格： 83 mm×22 mm×35 mm

阴霞生远岫，阳景逐回流。

蝉噪林逾静，鸟鸣山更幽。

——王籍《入若耶溪》

第五节
多彩缤纷篇

题名：**天涯**

石种：**海洋玉髓**

作品规格：**48 mm×31 mm×8.7 mm**

多少风前月下，迤逦天涯海角，魂梦亦凄凉。
又是春将暮，无语对斜阳。

——葛长庚《水调歌头·江上春山远》

题名：观海

石种：海洋玉髓

作品规格：71 mm×49 mm×11 mm

临海断崖上，离岸碧波中，注目凝神，晨迎旭日，暮送晚霞，伴着潮起潮落，历尽沧桑。

题名：海天玉烛

石种：海洋玉髓

作品规格：46 mm×30 mm×7 mm

静静的海面露出金色海草，浮游生物也在利用短暂的大好时光享受海天一色的自然美景。

远处碧空蓝天，极目万里，一支玉烛似夜幕的街灯，轻浮在烟波的云间，静静地、孤单地伫立，它似乎在诉说着什么，轻轻地飘向远方。

题名：大拇指

石种：海洋玉髓

作品规格：43 mm×66 mm×9 mm

鼓励使心灵傲视困难，赞美使灵魂流光溢彩，生活有时真的需要自己的肯定，那么在这提倡自谦的世界上，潇洒微笑一下，为自己竖起大拇指。

题名：飞碟降落

石种：海洋玉髓

作品规格：54 mm×39 mm×7 mm

犹如一叶扁舟落到山顶，形似一把利剑插入山头。浩瀚的蓝天、无垠的宇宙，存在着万千奥秘。无私的大地，也随时迎接着天外飞碟来做客。

题名：戒指

石种：海洋玉髓

作品规格： 58 mm×38.5 mm×3.5 mm

这戒指的材质是钻石，闪闪发光又不失内敛，清雅又不失高贵，阳光洒下来，折射出淡淡的光，有着通灵般的仙气。心与心的距离是否小于或等于这个环的直径？

题名：**水晶鞋**

石种：**海洋玉髓**

作品规格：**41.5 mm×10 mm**

你是月影中的贝壳；你是贝壳里的珍珠；你，是一只水晶鞋，一只静默姝致的水晶鞋，一只征服了黑暗和恐惧的水晶鞋，一只像星子般永远闪烁的水晶鞋。

题名：玉净瓶

石种：海洋玉髓

作品规格：73 mm×35 mm×6 mm

这是一只玉净瓶，是一只摆在窗前的玉净瓶。它婀娜，与时间一同沉默，插枝鲜花点缀，观赏起来更美。我每天都会在它面前驻足几分钟，端详着瓶身那些细微的冰花裂痕，品味着它的极致之美。这美真的与花枝无关，因为花可以开了谢、谢了开，枝也可以拔了插、插了拔。但是，瓶却是日复一日地静静待在那里。我每每看它，自然是心情愉悦。

海洋玉髓更高境界之美

世象万千，在收藏界，关于藏品的价格及潜在价值的宣传，历来是真真假假，无从考证和逐一落实的。有人甚至说收藏界是"商利当道，弄虚作假，文化弱化，专家遍地，权威难觅，孤芳自赏，丑闻不断"。卖家总是希望要价越高越好，买家总是希望越便宜越好。有道是好的玉髓的价格没有最高，只有更高。

心中无图，眼中便无玉。我们从这一角度分析赏玉、读玉的心理，便可升华玩玉境界。因为我们每个人的文化程度有差异，阅历也各不相同，这就给我们提供了一条不同理解、不同诠释、不同追求的无限通道，从而造就了玉髓多姿而又神秘的玄幻色彩。

其实赏玉应该是清心静气之事，传承和创新乃是赏玉艺术之正道。手里玩着玉髓，心里装着玉髓世界，脑里思索着美文，不忘关注业界风云变化，纵使岁月变迁，躬身自问，就是玩上了玉髓，爱上了玉髓，也是闲情，也不会累，敞开胸怀，激励自己去追求玉髓更高层次之美吧。

第六节
中国玛瑙篇

题名：天外飞仙
石种：中国玛瑙
作品规格：49 mm × 37 mm × 8 mm

伊人曾袭水踏月，拨云推雾而来，月在水中，花在月心，潭动月碎，花散晴空。且把心中的情凝成一弦玲珑的清音，化为漫天飞舞的雪花。鉴藏

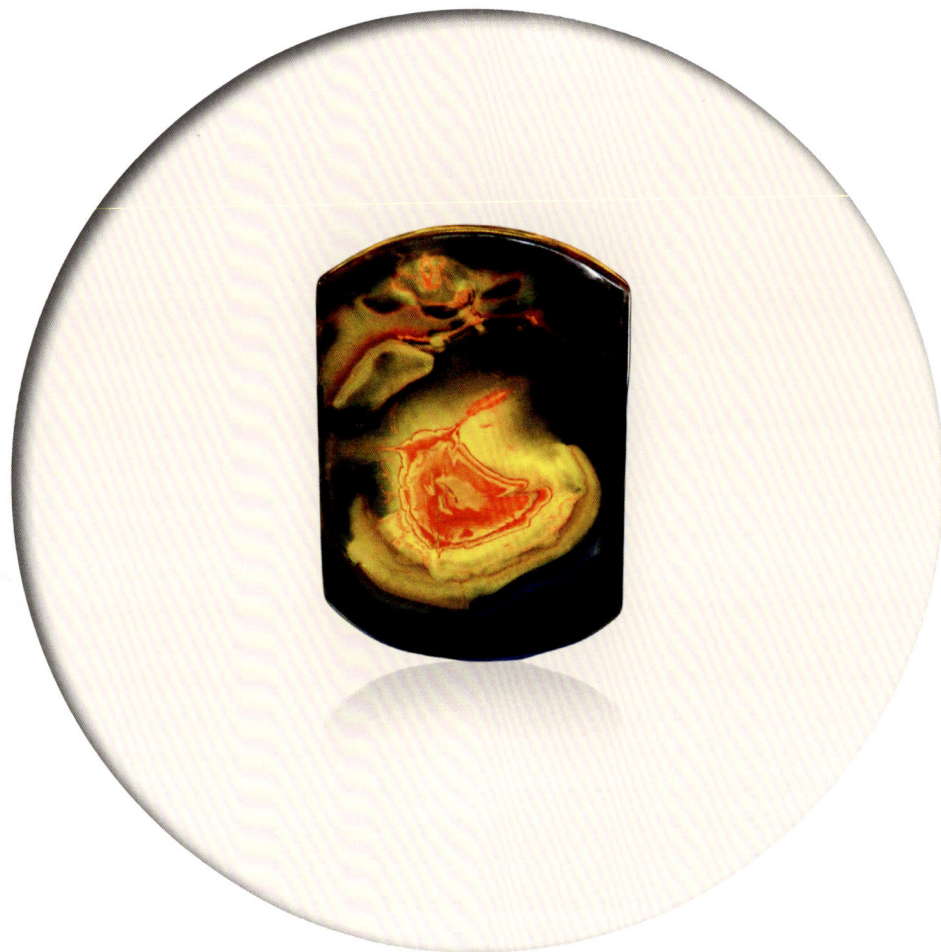

题名：太阳鸟

石种：中国玛瑙

作品规格：65 mm×41 mm×7 mm

山开未开白云梯，人行不行青麦溪。五年清梦隔蚁穴，千里飞尘深马蹄。重来交游亦笑乐，但觉几仗烦提携。门间霜叶无数积，风定水禽时一啼。药草春喧夜更长，木兰花下听天鸡。

——戴表元《自信上归游石门访故人毛仪卿镇卿兄弟作长句》

题名：金雏玉鸟

石种：中国玛瑙

作品规格：42 mm×16 mm

闲居少邻并，草径入荒园。鸟宿池边树，僧敲月下门。

过桥分野色，移石动云根。暂去还来此，幽期不负言。

——贾岛《题李凝幽居》

题名：团虎

石种：中国玛瑙

作品规格：46 mm×40 mm×7 mm

黑里透红的脸庞，泛着红晕露出淡淡的笑容。那些写满记忆的皱纹，好像一条条干涸的沟渠，沉寂平静，寓意着沧桑和饱经风霜。

题名：鹰鹿同春

石种：中国玛瑙

作品规格：64 mm × 37 mm × 7 mm

天空雄鹰展双翅，草野群鹿踏印踪。

伴着鹰歌与鹿鸣，天地祥和百业兴。

春花时节，振翅高飞的雄鹰划过长空，那一片蓝天包容了它们的不羁，承载了它们的稳重。为此，蓝天才多了一分神秘。一望无际的原野，数不清的白鹿在悠闲地吃草，像一朵朵小花为绿色的草原增添了一分美丽。

题名：达官贵人

石种：中国玛瑙

作品规格：45 mm × 35 mm × 7 mm

端鼻修眉，朴质无华。

平微谦廉，达德天下。

蓝天、白云、绿叶相映衬，更显气质高雅。

题名：富甲一方

石种：中国玛瑙

作品规格：58 mm×38 mm×7 mm

聚财富靠智慧和努力，

捕商机做到人取我予，

多钱善贾必俱事宜成，

伴良人日出富甲一方。

题名：花仙子

石种：中国玛瑙

作品规格：80 mm×15 mm

落花随着飘舞的裙带落在旋转的脚面，婀娜的身姿如塘边的柳枝，舞动着，散发的清香迎风扑面。纤纤玉手轻轻摆动，火红的裙子绽放开，像一朵盛开的曼殊沙华，美得让人陶醉。她在微笑，而眼中却无比冷漠。

题名：窈窕淑女

石种：中国玛瑙

作品规格：52 mm×18 mm×13 mm

朱粉不深匀，闲花淡淡春。细看诸处好，
人人道，柳腰身。

——张先《醉垂鞭·双蝶绣罗裙》

题名：龟

石种：中国玛瑙

作品规格：40 mm×30 mm×4 mm

静养千年寿，重泉自隐居。不应随跛鳖，宁肯滞凡鱼。

灵腹唯玄露，芳巢必翠薻。扬花输蚌蛤，奔月恨蟾蜍。

曳尾辞泥后，支床得水初。冠山期不小，铸印事宁虚。

有志酬毛宝，无心畏豫且。他时清洛汭，会荐帝尧书。

——李群玉 《龟》

题名：海狮

石种：中国玛瑙

作品规格：44 mm×17 mm

这只性情温和的海狮，神态悠闲，聪明伶俐，时而浮出水面，时而沉入水底。它是人类的朋友，给我们带来欢乐，为大自然增添美丽。

题名：悬空之眼

石种：中国玛瑙

作品规格：41 mm×13 mm

碧石山岩间似镶嵌着一颗悬空之眼，在落日余晖的照耀下连同山体都显得异常光彩。通体表面如柔软的锦缎，聚心之处像水晶碎银般闪烁着光芒，遥不可及，令人心醉。

题名：阿凡提

石种：中国玛瑙

作品规格：37 mm×13 mm×10 mm

阿凡提是智慧的象征，是人们传诵的正义化身，他疾恶如仇，爱打抱不平，幽默风趣，游走四方，是在冲破世俗观念的斗争中塑造出的理想人物。

题名：红石佛

石种：中国玛瑙

作品规格：35 mm × 33 mm × 5 mm

石头，代表沉稳朴实，无论遇到何种情况，依然坚定冷静。

红色，代表着积极向上，寓意对未来充满希望。

心里平静，不动的气魄，万物之于心而消然。

题名：**战国红石佛**

石种：**中国玛瑙**

作品规格：**27 mm×10 mm**

蓝天多么辽阔，白云匆匆飘过，流云般的人生太孤单。
大海一望无际，海浪忽起忽落，浪花般的人生太无常。
心若定，行快乐，未来一片美好。

题名：**微壶大世界**

石种：**中国玛瑙**

作品规格：**38 mm×20 mm×12 mm**

烟壶微小，累揽乾坤，
壶中万象，大千世界。

题名：**鼻烟壶**

石种：**中国玛瑙**

作品规格：**69 mm×53 mm×3 mm**

鼻之烟壶，鬼斧神工，掌上乾坤，有容乃大。

题名：尚·品

石种：中国玛瑙

作品规格：72 mm×50 mm×3 mm

诗之品有九：曰高、曰古、曰深、曰远、曰长、曰雄浑、曰飘逸、曰悲壮、曰凄婉。"品"型如坚固、牢稳，意人众多，喻人亦风骨高尚。乡亦有俗，国亦有法。品亦有所成，故曰人不一事。

题名：鼻烟壶

石种：中国玛瑙

作品规格：38 mm×20 mm×12 mm

鼻之烟壶，亦实用器，亦把玩器。内画人物、山水、草虫、花鸟等图案，景致堪称惟妙惟肖。各种奢华元素叠加，营造秀珍艺术世界。时过境迁，已演变成小众欣赏的极品。

题名：荷花

石种：中国玛瑙

作品规格：74 mm×9 mm

霞苞霓荷碧。天然地，别是风流标格。重重青盖下，千娇
照水，好红红白白。每怅望、明月清风夜，甚低不语，妖
邪无力。终须放、船儿去，清香深处住，看伊颜色。

——苏轼《荷花媚·荷花》

题名：**笑看人间**

石种：**中国玛瑙**

作品规格：**53 mm×18 mm×9 mm**

凡事付之一笑，于己何所不容。

第三章
玉髓之美赞

第一节　海洋玉髓——烟岚沉醉

有些品质，与生俱来，无须追溯型质和色纹的细节，只需慢慢琢磨那掩藏其中的光阴故事，任岁月的磨砺不断升华、沉淀、定型，形成自己的标签。玉髓之中深含内景，静静的，似笼罩着淡淡的烟霭，如轻纱，似薄雾，朦胧、迷离，可思，亦可赏，是大自然的沉淀，烟岚沉醉。

美的东西都有其韵味和比例，不分古典和现代，只要视野开阔，玉内景致自然就有了寓意。很多时候你会被问到，这块玉髓，或这个作品的内涵寓意是什么。这时，你或许一时不能用语言回答，只是觉得它能让人感受到自然的美感，能给你带来愉悦，能激发你去探究。这些，也许就是它的意义。

玉髓之所以弥足珍贵，亦源于其深藏于海底亿万年。它沉于海底，沉浸于属于自己的圣地，怡然自得，静观潮起潮落，任凭波涛肆意变幻，完美诠释海底主人气质。海洋万变，玉髓不变，经过千百万年洗礼，成就内里奇幻景致，成就自然鬼斧神工。

海洋玉髓汲取大海深处精华，历经岁月的沧桑变化，形成了浑然天成的独特气质韵味。神奇的海洋赋予了玉髓内敛的特质，宽阔与高端元素共融，温润、耀眼、高雅、抽象画面的完美展示，充分体现其自身的美感和艺术价值。

玉髓为自然形成，非人类所能创造，只能被发现。本无内容可言，其内容是人类所赋予的。玉髓艺术内容之展现，是人类对自然领悟的再创作。玉髓艺术之美无法穷尽自然之奇丽，也无法尽显自然之全部。对玉髓美的观赏，激发人类的好奇，调动心灵感知，展现求知欲望，且所感所悟被赋予美好的形式表达出来。

海洋玉髓源于大海，作为处于深海久经历练的石种，它浑然天成，方寸间透着世间万物之灵气，似天画无所不有。

海洋玉髓，以身在尘世、心在天外般的栩栩如生意境，虚实相构。虚处，

如水墨晕染，仿若笔墨之外与清透玉髓交融，低调却又华丽，画面令人有身临其境之感。实处，纹案灵动，情景交融，或古拙大气，或娴静淡远，或斑斓绚丽，或缥缈朦胧，尽显温厚质朴，处处透着仙逸之气。

神奇的海洋玉髓，图景似峰峦起伏绵延，萧疏宕逸；似吞云梦泽，闲荡画外之意境；似觞水回旋曲折，灌连泽湖；似树木藤条曲折缠绕，倒挂延伸。涧水流响，空蒙氤氲，彩云浮漂。虚实间传递出意韵、力量、气势和美感。虚与实、疏与密、静与动，和谐相生，遐思无限。

海洋玉髓是神的纸墨，魂的画作。只有沉浸于海玉的世界，才知道它的画面变化万千，才渴望去探究更多的精彩，才能解析出它的画质美、色彩美、寓意美，才能玩出品位、境界，达到极致。

海洋玉髓画面之美，用"如诗如画，美轮美奂"形容绝不为过。它聚苍穹日月星辰之灵气，取大地万物之精华，汇宇宙万象于内表，藏大海万千之莫测。它是大自然创造的奇石，难遇、难求。

海洋玉髓的美无处不在，只待你去发现、发掘、领会，甚至是创造。无论是构图、纹理，还是色彩、浓淡等美学元素，这些都是没有标准的，只需合理臆测、巧施粉饰，即可达成律动、量感、传神的艺术再现，化腐朽为神奇。

第二节　海洋玉髓——魅力自然

海洋玉髓，大美无言。层理花纹栩栩如生，有的飘然若仙，含春、夏、秋、冬四景。春者遍山嫩芽，草木初绿。夏者绿色变浓，林木葱茂。秋者暗绿之中，带黄泛红。冬者山覆厚雪，连绵起伏，于阳光下银装素裹。其韵律和美感令人惊奇。其色彩肌理辉映交融，多色多姿。每一块玉髓，都具有千变万化的内质图纹、绚丽丰富的天然色彩、复合交汇的温润石质，其于亿万年间随机偶成，魅力自然。

每一块玉髓都得之不易，皆为海洋之宝。与玉相逢，物我相谐，怡情悦性，顺形而晰，求得自然。天地之间，山色空蒙，湖波潋滟，烟波浩渺。当历史的痕迹逐渐远去，留下来的才是澄澈明净的诗情画意，晶莹剔透间透出曾经的故事，蓦然让人心醉。

玉髓的莹润质地似细柔的锦缎，细腻华丽，蕴藏于大海深处万年，吸沧桑万物之精华。探古研今，传承并突破，发掘玉髓之中的傲人风骨，时间越久，心越静，越容易发现其中的美，这是赏石人对这些玉髓的依赖，更是一份肆意抒发的诗意情怀。

海洋玉髓的每一幅场景在赏玉过程中都会与鉴赏者产生强烈的心灵碰撞，使爱玉者爱美之情得到释放。可谓，喜欢了，就痴迷，就会被其超然美丽所折服，如痴如醉。

人工雕琢的作品，是艺术家在思考后根据灵感再创造出来的，容易被理解。而产自大海深处的海洋玉髓，为大自然无思无为所创造。欣赏它就要探索其中的奥秘，用人类的智慧发掘那些似真似幻、形神意韵兼具、有无穷潜质的意境，赋予它价值和生命。

第三节　海洋玉髓——韵味无穷

海洋玉髓纹案抽象玄妙，动静相宜，静者如山，给人安详宁静之感；动者如云，飘逸奔放如飞似舞。赏玉之最高境界是化极度抽象为现实具象，这一过程中赏玉人既要摆脱现有造型的束缚，又要体现自然和谐，以及静、动的有机结合，演绎出疏密、曲直、清雅的特质，达到对玉髓的完美诠释。

内质形纹是鉴赏的媒介，赏玉人洞开审美思路闸门是赏玉的开始。赏玉过程一定要立足于玉髓，回归于玉髓，纵使发现具有创造的千般之美，也不能脱离了玉髓传达给观者的感知、思考、记忆、联想和理解。

赏玉需要传承，亦需要积累和开拓，用贴近主题的语言展现玉髓的特质和内涵风貌，不要背离传统、偏离主题，而要着力探索内质并有所突破。玉的释意要还淳、达意、高雅，主张要鲜明，美贵从宜。

赏玉是人与玉的对话，是沉静修为的过程。如生命河流的蜿蜒流泻，这条河流具有很大的纵深和宽度，波澜壮阔，奔腾而来。赏玉是审美意蕴和人文内涵的相融，可体会情感与认知的共振，从而达到赏玉审美的最高境界。

赏玉务以超脱的态度、娴雅的心境对之。回归本真，在自然面前平心静观，以超功利的审美心态去体悟玉石，达到玉与人的相互交融，形成异质同构的平衡关系，才能真正地回归自然，审美情趣才能得到培养。

赏玉髓，穿越时空，倾听其灵语，悟其灵性。四海滔滔，唯石不言。浪起处，海水流动，玉髓或独白，或对话，与万物生命交流，化出万千意象，成自然之造化，显天成霏霏景色，极尽巧斧神工。

有些东西天生就有让人产生共鸣的力量，玉髓便是其中之一。玉髓外观和内涵之间的关系，可谓返虚入浑一解。虚，谓空空如也；浑，即具体形象。用空的概念可以突出事物的存在和内在美，而放大表达的程度；写实更是直观表达。虚实相映看似简单随意，其实趣味无限，韵味无穷。

一枚玉髓奇石，不同的赏析者有着不同的赏析理念，阐述风格也是见仁见智，抒表各异。趣相近，而味不同。

赏玉是一门艺术，浸淫在玉髓之中就是关注艺术，意味、韵律由此而来，也理解了玉髓与人类艺术的相融相通。那些不可思议的对人类艺术的超越，韵味无限。

赏玉是需要有一定距离的，手举玉距离太近太远都不能够看出玉的所以然，而距离与玉的体量无关。赏其美，跟玉髓的质地特点、内纹含义、色泽表现、寓意风格、表现方式都有关系。有人很会品读玉髓，会从玉髓中赏析出诗文，将玉髓中寓意内涵抒发得大气磅礴。所以说，能让人读懂玉髓寓意内涵的距离就刚刚好。

玉髓是无穷海洋赐予人类的美好的东西，其天然形成、极其珍贵，展现出的自然神貌和深意内涵，无时无刻不在激发着人类智慧，唤起人类创作灵感，化神奇为有形展示，达到天人合一的境界。

玉髓之石的形成是被动的，自然的变迁以及海洋的冲刷洗礼是主动的。海底玉髓虽很渺小，却内含铮铮铁骨、坚韧不拔的精神。只有大自然的力量，通过时间的积累，才能把这些玉髓雕琢成神奇的艺术品，奉献给人类观赏、收藏，并产生价值。可歌，可赞。

第四章
赏玩玉髓

第一节　赏玩玉髓——智趣瑰宝

我之所以喜欢海洋玉髓，是因为这些在浩瀚深海沉睡了亿万年的瑰宝，在现代人的热情感召下，纷纷"跃出"海洋。它们那质朴古拙的幻化痕迹，彰显出沧桑巨变，其恢宏气质、不凡品貌，以万千变化之形态表达出大自然鬼斧神工之奥妙，日月轮回之中唤起赏玉人的审美妙趣。以玉髓为媒，通过观赏、审视、领悟，进而陶冶情操，亦是石小乾坤大，方寸藏天下。

玩玉髓、觅玉髓、赏玉髓，一定要经过自然洗礼才有灵感顿悟。投身于大自然怀抱，目视如画的玉髓，呼吸着纯净的空气，神思遨游于天地万物之间，或青山绿水，或奇峰秀岭，或苍穹沙漠。聆听鸟语虫鸣的天籁之音，诠释大自然的充盈与永恒，尽情享受着放飞心灵带来的愉悦。

每当我深夜静坐的时候，总会拿起一块玉髓仔细端详，起初感觉它就是一块普通的玉石，只有鸡蛋大小，表面圆润光滑，并无特别之处。

然而，你看久了，透过表面终会发现，这玉髓之中，似戈壁，似山峦，有水滴溅落，有火焰喷发；似海洋，似宇宙，有惊涛骇浪，有奇幻滚云。这就是玉髓，它无时无刻不在等待着你去发现。

我觉得赏玉、玩玉，其实也是在赏玩自己。赏自己寄情的意境，诉自己诗意的情愫。通过现实和虚幻世界的沟通，抒发自己的意念和感悟，激发赏玉人浸入玉景的情怀，达到人玉合一的意境。

玉髓文化，若单就一幅作品而言，每个人必然有每个人的解读。这里有海底几千年缩影，融汇海底几千年脉象。浮水再现，亭榭缩影，可蕴雅趣，美景包罗万象。循赏玉人雅趣，其中形态美感、肌理韵调、布局构图、景致寓意，无一不和谐展示。

第二节 赏玩玉髓——愉悦乐趣

每个人赏玩玉髓的切入点不同，感觉自然也是不一样的。赏玩玉髓在于发现它的美，玉髓景致的寓意没有限制，内涵理解深无止境，且无定势。精小的美景寓意可以无限宽泛，展示的手法也不必拘泥，一切由心而定，乐趣自然在其中。

美的东西是会感染人的，赏玉人心中装着连绵山水、白云蓝天、楼台亭阁、万物生灵。赏玩玉髓，要有穿透力，要能构思出最贴合图景的行文表达。只有拿捏得当，一切奇幻美景才会被表达得贴意尽美。

原生海洋玉髓可谓件件神形兼具、内里奇趣、寓意经典。每一件都可以从具象、表意、传情、显美、映妙中铺开展示。上乘玉髓映入眼帘，会即刻让人充满快感、兴致倍增。捧于手掌玉髓好似发出万道光芒，一时美、雅、奇、趣各种构思不断浮现，无数赞美之词脱口而出。这就是玉髓的魅力，值得去观赏把玩。

玉髓神奇内景涵盖故事宽泛，蕴含的文化气息浓厚，寓意生动而神奇。入境即尽人意、遂人愿，传神达意，妙趣横生。沉浸、构思、解读，娱乐之余，亦使之升华，直至尽兴、尽情，展现其无穷魅力，使之成为经典，这便是享受。

所谓"玩"亦不是说把一些喜爱的、给我们带来快乐的东西，定义为懒散的、可有可无的有形或无形的"玩"了。而是让我们认识到这些东西在我们生命中是不可或缺的，最能使我们愉悦，尤为精致，亦有品位，给生活增添色彩，即定义为"玩"。因为喜爱，捧于手心，彼此便有了情感和灵魂深处的相惜相知。

不可否认，每一位喜欢玉髓的藏友，都有一个共同的愿望，就是在自己的收藏中能有精品，有能够让其他藏友认同和羡慕的精品奇石。做到这点，可以说是玩石、藏石、赏石的一种成就、一种荣耀、一种精神追求。

随着海洋玉髓逐渐被广大藏友认识，玩玉髓、赏玉髓之潮似乎给收藏界注入了新活力，带来了新气象，各种收藏和交流在藏界盛行，各种赏石理念和玩法层出不穷，也吸引了众多爱好者驻足、陶醉，进而享受玉髓带来的无限乐趣，感受它的趣味和魅力。

第五章

科学理性话文玩

因为文玩在收藏界具有准确的文化定义，且大多数精品文玩饱含历史、艺术与工艺价值，所以收藏文玩在社会上较为盛行。收藏文玩的依据除了艺术观赏性之外，还有制作材料的稀缺性和工艺是否精致。目前收藏文玩的玩家结构层次不一，收藏水平也不一，甚至有的玩家并不清楚自己购买和收藏文玩的目的，仅仅是盲目跟风，或是出于好奇为之。

文玩是能承载陪伴自己时光的玩物，要用心加以盘玩，假以时日，定会绽放出迷人的光彩。一件好的文玩，必须是一种精神的"物化"承载，经由岁月的裹洗，与主人息息相通，让人在把玩的过程中涵养心性，也彰显主人的文化品位。这种价值，是用金钱无法衡量的。

文玩收藏领域绝不是什么人都可以随意进入的。一来，普通百姓毕竟不是收藏方面的专业人士，难辨真假，难免花大价钱买一些不值钱的。二来，文玩市场存在人为炒作，并且哄抬价格的现象，这违背了市场规律，在大量问题暴露之前，谁都难以看清文玩的真正价值。

有时，很多文玩爱好者会混淆自己的消费与投资的行为，以为文玩买了就会增值，笃信投资了就会有回报，而一旦进入收藏领域又难免造成一些损失。这绝对不是危言耸听，而是大量初涉文玩者，甚至是一些老玩家也会犯的错误。

因此，在购买文玩之前，一定要搞清楚自己的目的是什么。如果是以装饰为目的，那么就挑选合自己眼缘的文玩，喜欢即是购买的最大理由。如果是以收藏为目的，首先得全面了解文玩的知识和市场情况，最重要的是要有慧眼识真的能力。因此，投资收藏文玩一定要收精品，只有存量少且具有一定稀缺性的精品，才有保值增值的空间。

有时收藏市场上会涌现出各式文玩，包括玉石、翡翠、字画、瓷器、木器，以及一些生活中的老旧物件，一些人对此不仅夸夸其谈，还制造出天价成交之类的新闻。这其实是文玩市场在爆发式发展过程中，扩张过快，良莠不齐，凸显出的诸多非理性现象所致。

一些假冒伪劣、粗制滥造的文玩借机混入，被炒家联手炒高价格，使得原本高雅、颇具文化内涵的文玩市场变得鱼龙混杂，偏离了原本的文玩发展轨迹，致使一些消费者跟着受害，受到损失。原本的文玩市场是老百姓平时闲来无事逛逛，淘点小玩意儿，花点闲钱，陶冶下情操的地方。现在硬是把不温不火的文玩市场搞成所谓极具投资价值的大市场，刻意把一般的把玩提升到收藏的高度，这实际上偏离了文玩市场发展的正确方向，对文玩的发展是不利的。

文玩市场一时的回落降温，对于玩家们也可谓是件好事。普通玩友能够接触到更多喜欢的文玩，回归文玩收藏本身的意义。而有财力、有眼力的高端玩家们，则选择精品、极品进行收藏，回归有序和理性。

文玩的内涵深度非凡，可以说是学无止境的。从接触文玩开始，就要不停地去学习，不单单是为了玩而玩，所以最好从一个喜欢的文玩品种开始盘玩，然后在盘玩的过程中去感受它的变化，到最后全面地理解它、盘玩它。时间历久，此间乐趣，不为外人道也。

一个成熟的市场，需要慢慢地培育，要遵循市场发展的自然规律，不断地更新血液，最终构建成一个健康有序的文玩环境。

如果硬把文玩市场往高端上推，抬高经营成本，甚至让假货泛滥，以次充好，胡乱要价，那么这样的市场早晚会走向消亡。这是业内人士的共识，无论是普通品种，还是文玩精品，抑或是热门炒作品种，一旦偏离了正常的市场运行轨道，必会打破常规市场规则，甚至经历野蛮或是无序化的生长，这种情况不会持久。经过一段时间后，一定会进入洗牌期，狂热的投资现象也会进入冷静期，文玩市场的境况甚至会一落千丈，这是文玩投资的规律。

因此，如何科学看待文玩，如何理性把玩文玩，既是一门技巧，也是一门科学，更是玩家经验和文化内涵的艺术展现。

后记

我收藏的这些海洋玉髓，可谓每一件都是绝佳之品，每一件都值得细细品味。端详每一块玉髓所蕴含的精美画面，都会让你怦然心动，浮想联翩。它像画家笔下的不朽画作，像摄影大师拍摄的完美作品，是大千世界的真实再现，是人间万物的纪实写照，是大自然鬼斧神工的雕刻。

其实我对海洋玉髓的认知，开始也只是局限于其表面华丽的图案和丰富的寓意，以及质地美感层面，只在浅表层次收藏、把玩和研究。而对海洋玉髓的形成、产地、加工、成分、市场的情况了解不多，研究不深。另外由于相关专业资料较少，又无同道一起把玩和交流，一度把这些藏品束之高阁。

我在闲暇的时候，拿出那些经过多年收集，已具一定规模的海洋玉髓藏品时，一下子被拥有羊脂玉般质地的玉髓感染，其蕴含的人物、山水、花鸟，甚至天地万物、宇宙星辰，神奇魔幻，或载实，或写意，或带你进入诗一般的梦幻境地。此时，我有了很多想法，玉品是有形的，梦幻也是可以用文字来描述的，而艺术是需要通过不同手段展示的，特别是这些大自然的神工造物，我们每一个人都有欣赏的权利。

因此，我就给这些藏品拍照、配词，并编辑成册、出版，目的是想让更多人有机会欣赏，与更多的同道一起交流、鉴赏。这就是我出版此书的初衷和动力。

海洋玉髓不仅有玉的特质，内中更是藏有高山流水、日月星辰及人物、动物、器物等象形画面。可以说宝石中有景、宝石中有画，亦可称之为艺术宝石。那一幅幅浑然天成的艺术画面，是神的纸墨，是魂的画作，是聚苍天日月星辰之灵气，取大地金木水火之精华，凝宇宙万象于画中，是一般浅化艺术永远无法企及的。因此拥有一颗天然海玉宝石饰物，已是现代人争相效仿之举。

这些写实画融合在洁白如玉的海洋玉髓中，形成的画面犹如无际沧海桑田、灵动花鸟鱼虫、辉耀日月星辰。那小桥流水的江南风光，琼枝

玉叶的北国雪景，幅幅景景美轮美奂，极为震撼。这些天然的画作极像大自然的真实美景再现，无不展示美的存在，乃至体现大自然对人类的宽厚。

说句实话，海洋玉髓就像是神物，你看一眼就喜欢，一喜欢就痴迷。一旦与它相识，就会被它超然的魅力所征服，如痴如醉。海洋玉髓在画面、质感、色彩、神韵等层面的美的极度融合和呼应，让美的价值达到了极高境界。相信任何文人墨客，都会毫不吝啬地用最美的语言文字来描绘它的容颜，抒发其内在的气质，展现其丰富的内涵寓意。

因为每一块玉所表现的内容都是独一无二的，且神韵、意境、寓意以及器形也因个人理解而有所不同。一块玉髓展示在面前，当你知道了它是如何形成、如何选料、如何加工成器形，就会对其更加喜欢，爱不释手。赏玩玉髓需要有一定的玉石专业知识和独具慧眼的辨识能力，以及持之以恒的追求之心和坚韧的毅力。

在把玩和赏析这些海洋玉髓的过程中，我已苒苒入境，那些静物似乎已焕出流动感，而思路也不再受真情实景的制约。脑海里展示出的意蕴更深邃、更奇异、更玄妙，给人更高深莫测的想象空间。我以为，这些海洋玉髓静物经过诗文的注解，更有生命的张力，也更具艺术冲击力了。

有时候我也不禁感慨，海洋玉髓这大自然鬼斧神工的神秘造物，雪藏在岛国马达加斯加等附近海域亿万年之久，今时被极具艺术眼光和聪明才智的人类所开发，横空出世来到人间，褒飨人类，这不得不说是上天的恩赐、人类的福祉。

我每天面对这几百块造型各异、内涵不同的海洋玉髓，逐一把玩，从不同角度观赏、体会和理解其所含的寓意，或者用诗歌、短语注解，使它们活灵活现地表现出来。运用的载体也很随意，展示手法也是写实和虚幻交错，有的引用些文人诗句，有的随意发挥抒发一时之兴。但宗旨还是要体现出内在的神韵，展示出所含的逸气，以及生动活泼、野趣自然的楚楚意境。

后记

我在动笔为这些精美的宝玉配置诗词之前，也经过了很长时间的酝酿。深知自己才疏学浅，怕对宝玉所含之意理解不透，因此久而不敢妄动笔墨。然而，当确定了入言契合点后，无数条赞美、寓意、托衬、烘表之词跃然纸上，如沧海桑田、万马奔腾、海阔天空、日月星辰、小桥流水、瓜果梨香、鱼翔浅底、雄鹰翱翔、朝阳落日、江南风情、北国风光、少女翩跹、达摩参禅，等等。一幅幅震撼心灵的实景画卷，远中近景、深远意境、鲜明主题，一一展现，终才形成了现在的卷册。我相信，这些写实的天然艺术作品，一定会符合同道的审美情趣，让有缘人喜欢，让天然艺术品展示出超然活力。

回望各时期对任何古董赏玩的炒作，无不是大肆宣传其皇家御用背景、文人墨客的赞美诗句，等等。海洋玉髓虽无历史渊源故事，也无贵为玉石赏玩的名气，更无商家和媒体炒作的穴点，但随着它逐步被人们认识，且天然上品逐渐减少，价格也开始稳步上涨，希望初涉玉髓的玩家入手谨慎。

当然，海洋玉髓在国内还处在待开发和被逐步认识阶段，多数人对它还比较陌生，社会上尚无专业介绍资料，也未发现任何相关历史记载。在业界我算不上什么名家，但玩到此级，并将部分藏品公之于众，同时道出我的一些心得体会，并成书成籍，也算是对同道和行业的一点贡献吧。

在本书成稿付梓之际，感谢同道、朋友、专业人士及有关领导的帮助和支持。在书中布局、遣词及编制等诸多方面还存在很多缺陷和不足。对一些神形虚幻的意境把握得还不是很到位，甚至有些描述境到而意犹未尽。一些配诗在格律工整方面还有欠缺，但求表情达意，或成添足。请诸位专家、学者不吝赐教，多多海涵，不胜感激。

后记